总主编／肖勇　傅祎

景观设计

主　编　尤南飞
副主编　季善利　伍爱华
参　编　潘欢涛　卓宜光　陈恩义
　　　　崔道宏　李惠霖　谢清艳

北京理工大学出版社
BEIJING INSTITUTE OF TECHNOLOGY PRESS

内容提要

景观设计是一门综合性比较强的学科，其内容涵盖了植物、建筑、场地、生态等多种因素。本书共分为6章，主要内容包括景观设计概述、景观设计表达、景观空间设计、景观设计的要素、景观设计的条件与程序、各种类型的景观设计等。本书从实用的角度出发，由浅入深、由整体到细节对景观设计相关知识进行了讲解，并配以大量实例图片，图文并茂，实用性强。

本书可作为高等院校艺术设计、建筑及规划、景观设计等专业的教学用书，也可以作为景观设计人员及爱好者的参考用书。

图书在版编目（CIP）数据

景观设计 / 尤南飞主编.—北京：北京理工大学出版社，2020.7
ISBN 978-7-5682-8711-1

Ⅰ.①景…　Ⅱ.①尤…　Ⅲ.①景观设计　Ⅳ.①TU986.2

中国版本图书馆CIP数据核字（2020）第124242号

出版发行 / 北京理工大学出版社有限责任公司
社　　址 / 北京市海淀区中关村南大街5号
邮　　编 / 100081
电　　话 / （010）68914775（总编室）
（010）82562903（教材售后服务热线）
（010）68948351（其他图书服务热线）
网　　址 / http：//www.bitpress.com.cn
经　　销 / 全国各地新华书店
印　　刷 / 河北鑫彩博图印刷有限公司
开　　本 / 889毫米×1194毫米　1/16
印　　张 / 8
字　　数 / 226千字
版　　次 / 2020年7月第1版　　2020年7月第1次印刷
定　　价 / 78.00元

责任编辑 / 时京京
文案编辑 / 时京京
责任校对 / 刘亚男
责任印制 / 边心超

图书出现印装质量问题，请拨打售后服务热线，本社负责调换

总序 GENERAL PREFACE

20 世纪 80 年代初，中国真正的现代艺术设计教育开始起步。20 世纪 90 年代末以来，中国现代产业迅速崛起，在现代产业大量需求设计人才的市场驱动下，我国各大院校实行了扩大招生的政策，艺术设计教育迅速膨胀。迄今为止，几乎所有的高校都开设了艺术设计类专业，艺术类专业已经成为最热门的专业之一，中国已经发展成为世界上最大的艺术设计教育大国。

但我们应该清醒地认识到，艺术和设计是一个非常庞大的教育体系，包括了设计教育的所有科目，如建筑设计、室内设计、服装设计、工业产品设计、平面设计、包装设计等，而我国的现代艺术设计教育尚处于初创阶段，教学范畴仍集中在服装设计、室内装潢、视觉传达等比较单一的设计领域，设计理念与信息产业的要求仍有较大的差距。

为了符合信息产业的时代要求，中国各大艺术设计教育院校在专业设置方面提出了“拓宽基础、淡化专业”的教学改革方案，在人才培养方面提出了培养“通才”的目标。正如姜今先生在其专著《设计艺术》中所指出的“工业 + 商业 + 科学 + 艺术 = 设计”，现代艺术设计教育越来越注重对当代设计师知识结构的建立，在教学过程中不仅要传授必要的专业知识，还要讲解哲学、社会科学、历史学、心理学、宗教学、数学、艺术学、美学等知识，以培养出具备综合素质能力的优秀设计师。另外，在现代艺术设计院校中，对设计方法、基础工艺、专业设计及毕业设计等实践类课程也越来越注重教学课题的创新。

理论来源于实践、指导实践并接受实践的检验，我国现代艺术设计教育的研究正是沿着这样的路线，在设计理论与教学实践中不断摸索前进。在具体的教学理论方面，几年前或十几年前的教材已经无法满足现代艺术教育的需求，知识的快速更新为现代艺术教育理论的发展提供了新的平台，兼具知识性、创新性、前瞻性的教材不断涌现出来。

随着社会多元化产业的发展，社会对艺术设计类人才的需求逐年增加，现在全国已有 1400 多所高校设立了艺术设计类专业，而且各高等院校每年都在扩招艺术设计专业的学生，每年的毕业生超过 10 万人。

随着教学的不断成熟和完善，艺术设计专业科目的划分越来越细致，涉及的范围也越来越广泛。我们通过查阅大量国内外著名设计类院校的相关教学资料，深入学习各相关艺术院校的成功办学经验，同时邀请资深专家进行讨论认证，发觉有必要推出一套新的，较为完整、系统的专业院校艺术设计教材，以适应当前艺术设计教学的需求。

我们策划出版的这套艺术设计类系列教材，是根据多数专业院校的教学内容安排设定的，所涉及的专业课程主要有艺术设计专业基础课程、平面广告设计专业课程、环境艺术设计专业课程、动画专业课程等。同时还以专业为系列进行了细致的划分，内容全面、难度适中，能满足各专业教学的需求。

本套教材在编写过程中充分考虑了艺术设计类专业的教学特点，把教学与实践紧密地结合起来，参照当今市场对人才的新要求，注重应用技术的传授，强调学生实际应用能力的培养。而且，每本教材都配有相应的电子教学课件或素材资料，可大大方便教学。

在内容的选取与组织上，本套教材以规范性、知识性、专业性、创新性、前瞻性为目标，以项目训练、课题设计、实例分析、课后思考与练习等多种方式，引导学生考察设计施工现场、学习优秀设计作品实例，力求教材内容结构合理、知识丰富、特色鲜明。

本套教材在艺术设计类专业教材的知识层面也有了重大创新，做到了紧跟时代步伐，在新的教育环境下，引入了全新的知识内容和教育理念，使教材具有较强的针对性、实用性及时代感，是当代中国艺术设计教育的新成果。

本套教材自出版后，受到了广大院校师生的赞誉和好评。经过广泛评估及调研，我们特意遴选了一批销量好、内容经典、市场反响好的教材进行了信息化改造升级，除了对内文进行全面修订外，还配套了精心制作的微课、视频，提供了相关阅读拓展资料。同时将策划出版选题中具有信息化特色、配套资源丰富的优质稿件也纳入本套教材中出版，以适应当前信息化教学的需要。

本套教材是对信息化教材的一种探索和尝试。为了给相关专业的院校师生提供更多增值服务，我们还特意开通了“建艺通”微信公众号，负责对教材配套资源进行统一管理，并为读者提供行业资讯及配套资源下载服务。如果您在使用过程中，有任何建议或疑问，可通过“建艺通”微信公众号向我们反馈。

诚然，中国艺术设计类专业的发展现状随着市场经济的深入发展将会逐步改变，也会随着教育体制的健全不断完善，但这个过程中出现的一系列问题，还有待我们进一步思考和探索。我们相信，中国艺术设计教育的未来必将呈现出百花齐放、欣欣向荣的景象！

肖勇　傅祎

“建艺通”微信公众号

前言 PREFACE

在人类社会的发展过程中，人们在不断建设自己的家园，寻找理想的栖居环境。随着城市化建设的发展，生存的大环境和生活的小环境越来越受到人们的重视，景观设计被提到了前所未有的高度。

作为设计师，要设计出高质量的景观环境，首先应对景观有充分、准确的理论认知，并且应具有正确、缜密的设计思维，总结和运用科学、合理的设计方法，创造适宜居住的景观环境。本书就是以此为目标编写的。

本书着重于对景观设计的基础知识的介绍，内容编写遵循景观设计学习的规律，以编者多年的教学内容和经验总结为基础，在进行大量的资料收集和整理工作之后梳理而成。本书内容全面、翔实，图文并茂，从最基本的概念到设计要素、设计方法等都进行了系统分析，并尽量做到由浅入深、通俗易懂。本书在进行理论讲解的同时，注重对实际设计方法的分析总结。希望此书能帮助广大设计初学者对景观设计形成全面、准确的认识，并对实际设计工作有所启发和指导，从而提高相关人员的设计实战能力。

本书配备了二维码资源，扫码即可观看相关的配套资料，有助于读者更全面了解学科相关知识及资讯。本书编写引用了行业最新的应用案例及图文资料，具有较强的实用性和先进性。

由于编者水平有限，加上编写时间仓促，书中不妥之处在所难免，恳请广大读者和同行指正。

编　者

目录 CONTENTS

CHAPTER ONE

第一章 景观设计概述

知识目标

对景观设计及景观设计相关学科的概念有一定的了解；掌握中西方景观设计的发展及历史，形成对景观设计的初步认知。

能力目标

1. 了解景观设计的内容。
2. 认识景观设计及其相关学科。
3. 掌握中西方景观设计的发展历史及设计特点。

第一节 景观设计的概念

一、关于景观

景观（Landscape）一词最早在文献中出现是在希伯来文版的《圣经》中，用于对圣城耶路撒冷总体美景（包括所罗门寺庙、城堡、宫殿在内）的描述。19 世纪初，德国地理学家、植物学家将景观作为一个科学名词引入地理学，但无论是东方文化还是西方文化，“景观”最早的含义更多的具有视觉美学方面的意义，同“风光”“景色”“风景”等词同义或近义。后来因为地理学领域的关注，景观不再仅仅具有视觉美学方面的含义，还被引申为一个区域的总体特征，开始关注人与自然之间的关系及其生态发展的特点，更趋于科学化。

【作品欣赏】世界经典景观

人类在不断改变着外在环境，环境又对人产生不可避免的影响。在人与环境的相互作用下，景观也随之发生变化，因此景观具有了时间性和动态变化的特点，这一特点使人的意识形态不断物化为地表景物，同时地表景物自身也具有了人文历史性（图 1-1 和图 1-2）。

景观还具有生态性，这是保证环境动态、良性发展的基础。在改造外在景物的同时，处理好人类与自然以及人类之间的关系是景观生态性关注的核心问题，也是景观设计需要重点考虑的内容。

图 1-1 英国巨石阵

图 1-2 大理鸟瞰景观

从某种意义上讲，景观可归纳为具有审美特征的自然和人工地表景物，它是复杂的自然过程和人类活动作用于地表的综合体，是动态变化、可持续发展的；除了客观存在并能被感知的外在事物之外，它还包括各个层级上的景观系统关系以及附着其上的文化意义。如今的景观概念涉及地理、生态、园林、建筑、文化、艺术、哲学、美学等多个领域。

二、关于景观设计

景观是景观设计的对象和目的，景观设计是一种设计活动，是社会发展到一定程度的产物，简单理解就是通过整合、规划等科学合理的手段将一种景物转化为另一种景物，使其更好、更和谐地发展。景观设计活动是人类不断寻求理想生活栖息地的过程，并形成了专门进行景观设计的学科。

景观设计学（Landscape Architecture）是一门综合性很强的学科，是关于景观的分析、规划布局、设计、改造、管理、保护和再利用的科学和艺术，是一门建立在广泛的自然科学和人文艺术学科基础上的应用学科。它通过对有关土地及人类一切户外空间问题的科学理性分析，确定及设计问题的解决途径和解决方案，并监理设计的实现。

随着景观概念的丰富和人们对于自然以及自身认识程度的提高，景观设计的概念也在不断完善和更新，但其核心问题一直是关注人与自然的和谐关系。英国著名环境设计师麦克哈格认为景观设计是多学科的综合，是进行资源管理和土地规划利用的有力工具，同时他还强调把人与自然世界结合起来考虑规划设计的问题。他在《设计结合自然》一书中，强调土地规划应遵从自然固有的价值和演变过程，认为人与自然环境之间是不可分割的依赖关系。人类的认识应不断深化，尊重大自然的演进规律，用生态原理进行分析和规划。约翰·O. 西蒙兹在他的《景观设计学》中提出，我们实现的最伟大进步不是力图彻底征服自然，不是忽视自然条件，也不是盲目地以建筑物替代自然特征、地形和植被，而是处心积虑地寻找一种和谐、统一的融合。所有自然规划的中心思想是创造一个更加健康、生机勃勃的环境，以及一种更加安全、有效、祥和、富有成果的生活方式。

根据解决问题的性质、内容和尺度的不同，景观设计学可分为两个方向，即景观规划（Landscape Planning）和景观设计（Landscape Design）。景观规划是指在较大尺度范围内，基于对自然和人文过程的认识，协调人与自然关系的过程。景观规划解决大尺度的区域设计问题，根据整个区域使用性质的要求，合理确定次级区域的使用目的，并在特定区域进行最为恰当的土地利用；而景观设计就是对这些小区域的设计。

狭义层面的景观设计是面向户外环境的建设，其中包含艺术创作、科学、工程技术等多方面的因素。景观设计面向户外空间，以城市开放空间为主，具体包括城市公园、广场、居住区环境、道路景观、城市街边绿地以及城市滨水地带等，还包括一些以自然景观为主的空间类型，如旅游区景观、湿地公园、森林公园、村镇景观等。在设计过程中，设计师通过运用创造性的景观设计手法营造具有良好视觉形态的景观造型，提升生存环境的整体质量，同时寻求科学合理的景观发展之道，解决景观发展过程中遇到的各种问题。

景观设计是一个有机的整体，不能仅对某一方面或者从某一角度进行设计，它涉及各种景观要素。设计活动是对区域内各种景观要素的整体考虑和策划，包括显性要素和隐性要素。显性要素也就是实体要素，是客观存在的，主要包括环境中的地形、水体、植被、道路、铺装、构筑物或建筑以及景观设施等，这些要素又可分为人工要素和自然要素两大类，这些要素相对独立又共同作用于环境。景观设计要使人工建造物与自然环境产生呼应关系并和谐共存，这将直接决定整体环境的视觉质量。相对于实体要素来说，设计过程还涉及对传统文化、地域风俗、人文历史等非实体要素的考虑，这些因素决定了景观的文化内涵和社会价值，属于隐性要素。景观设计是对各种要素的协调规划、整合处理，目的是使要素之间实现有机的统一。同时景观设计既要合理美观地设计实体空间，也要反映社会伦理、道德和价值观念的意识形态，力求营造高质量的景观空间。

三、景观设计的相关概念

1. 景观美学

景观是具有审美特征的自然和人工地表景物。景观设计首先要考虑美观方面的要求，对于景观视觉形象的设计是景观设计的重要内容，它是人类追求美好事物的反映。但究竟什么类型的景观才是美的？人们通常在美学基本原则下，如对称均衡、节奏韵律等，对景观的美学内容进行判别。在这些表面的造型法则下还隐藏着更深层次的决定性因素，诸如时间、场地、生态。景观美学是美学的一门分支学科，它研究景观美的特性及构成，涉及的范围相当广泛，是美学基本原理的具体运用；同时，景观美学还涉及地理学、生物学、建筑学、民俗学、艺术学、心理学等。

生活中人们对于美充满了渴望，特别是古人常寄情于山水。在古代，景观、造园、绘画并未完全分开，因此造园家与文人、画家可以结合在一起，经常造园、绘画均由一个人来完成，其运用诗和画的传统表现手法，把诗画作品所描绘的意境情趣，引用到园景创作上（图 1-3）。在古典园林设计中，造园家讲究师法自然，通过亭台楼阁、山石、水系、植物花卉等营造环境，以使园林表现出自然、淡泊、恬静、含蓄的艺术特色（图 1-4），并取得移步换景、渐入佳境、小中见大等观赏效果。现代景观设计中，人

图 1-3　《明皇避暑宫图》 北宋　郭忠恕

图 1-4　苏州网师园

们同样在利用各种景观空间手法，创造怡人、美妙的环境空间。从古代的造园到现代的造景，无不体现着人们对于美的不断追求，今天的景观形态已发生了很大变化，人们对于美的感受和判断标准也在随着社会文化的变化而不断改变，这种时间性因素也是景观美学必须思考的内容。即便在现代景观设计中，也存在审美的差异。每个人对于美的认知和审美标准不尽相同，这就要求景观美学研究要具有很强的适用性，要研究大众标准的审美特点。因此在景观美学研究中，社会群体共有的审美认知和习惯往往比个体的审美差异更为重要。另外，对于美的认知除了因人而异之外，还会表现出很强的地域性特点。人们所处的地域环境不同，在传统文化、风俗习惯、生活方式等方面也会有很大差别，这使得人们的审美标准大相径庭，所以对于景观美学的研究也要考虑其地域性特点。可见，在景观设计中，视觉美学方面的考虑不能简单化、同一化，而是要充分认识景观美学的复杂性，因地制宜，因时制宜，做到恰到好处。

2. 景观生态学

生态就是指一切生物的生存状态，以及生物之间和生物与环境之间的相互关系。景观要保持可持续发展，设计中就要考虑其生态性的要求。

景观生态学一词是德国地理植物学家 C. 特罗尔于 1939 年提出来的。作为一门学科，景观生态学是 20 世纪 60 年代在欧洲形成的。早期欧洲传统的景观生态学研究的内容主要是区域地理学和植物科学的综合，土地利用规划和决策一直是其研究内容，直到 20 世纪 80 年代初才发展成为一门重要的学科，并成为景观设计学的重要组成内容。景观生态学给生态学带来了新的思想和新的研究方法（图 1-5）。

景观生态学是研究在一个相当大的区域内由许多不同生态系统组成的整体空间结构，以及它们之间的相互作用、动态变化的一门生态学新分支。景观是地球表层自然的、生物的和智能的因素相互作用形成的复合生态系统。景观生态学以整个景观为研究对象，强调生态系统之间的相互作用、大区域生物种群的保护与管理、环境资源的经营管理，以及人类对景观的影响。景观生态学用生态学的观点、方法研究景观这一客体，并在对其综合分析的基础上研究景观的动态变化、相互作用时的物质循环和能量交换以及系统的演变过程。简单来说，景观生态学主要研究的内容是土壤、水文、植被、气候、光照等因素形成的生物生存环境以及它们之间的动态关系。因此在进行景观设计时要充分考虑景观中的各种生态要素，用生态学的观点衡量、评价景观设计结果（图 1-6）。

图 1-5 大理城市景观

图 1-6 墨尔本城市公园鸟瞰图

3. 环境心理学

景观设计在很大程度上是人类自我认识的过程。人类一直在思考自身与外界环境的关系，不断利用和改造环境；相应地外在环境也制约着人的行为，影响着人的意识形态。彼此互补，发生在同一过程中。作为主体的人和作为客体的外界环境有着不可分割的联系，在对外界环境进行改造时，人的行为心理特点是一个重要因素。研究人的行为心理和外界环境的相互关系是环境心理学的基本任务。

环境心理学是研究环境与人的心理和行为关系的一种应用社会心理学，又称人类生态学或生态心理学。这里所说的环境虽然也包括社会环境，但主要是指物理环境，包括噪声、拥挤程度、空气质量、温度、建筑和个人空间等。环境心理学主要研究这些物理要素对人的影响以及人对不同要素的反应。比如霍尔的“空间关系学”，认为空间距离好像一种无声的语言影响着人的行为。1959 年，霍尔把人际交往的距离划分为 4 种：亲密距离，为 0 ~ 0.5 m，如爱人之间的距离；个人距离，为 0.5 ~ 1.2 m，如朋友之间的距离；社会距离，为 1.2 ~ 3.6 m，如开会时人们之间的距离；公众距离，为 4.5 ~ 7.5 m，如讲演者和听众之间的距离（图 1-7）。人们交往时虽然通常并不会明确这些距离尺寸，但在行为上会遵循这些规则。若违反这些空间规则，往往会使人产生不适感。

环境心理学还提出人对“复杂性”的偏爱。20 世纪 70 年代前后，心理学和环境心理学对“人偏爱复杂性刺激”进行了研究，揭示了人对复杂的事物更感兴趣，并提出复杂刺激可能具有三种不同的组织状况。如多种刺激随机混合的无组织的复杂性，以一种刺激为主的有组织的复杂性，以及前两者混合出现的协同复杂性。可以说，复杂的环境与感知者的相互关系构成了复杂的环境体验（图 1-8）。

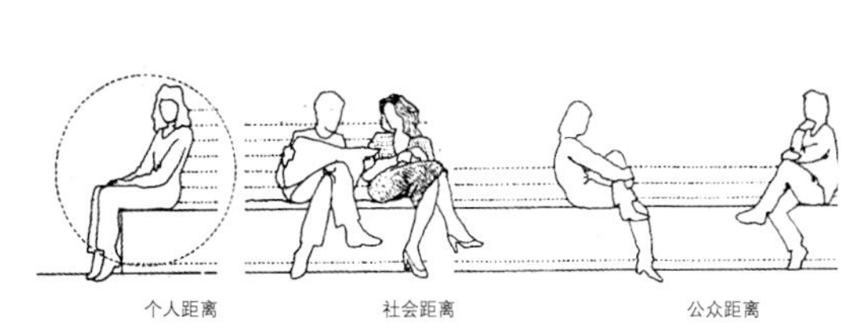

图 1-7　人际交往中的各种距离

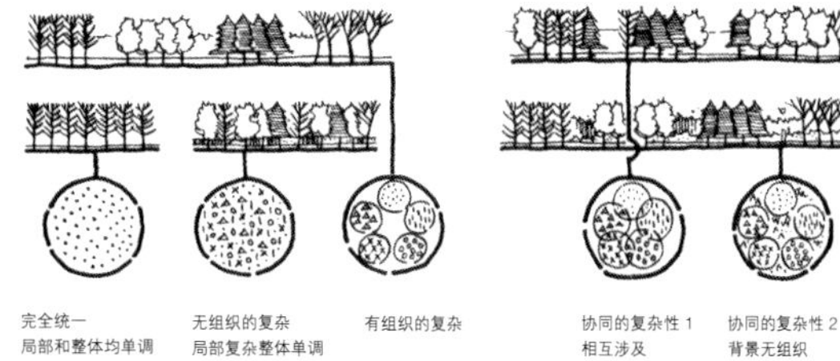

图 1-8　环境中复杂刺激的组织状况

环境心理学对设计活动具有指导作用，它使景观设计更多地关注人的存在，使空间环境能更好地服务于人，充分体现了设计中的人文关怀。但是应该注意的是，人的行为心理存在很大差异，这是人们受不同的文化传统、生活经历、知识结构等因素的影响导致的。著名的格式塔心理学家考夫卡认为，世界是心物的，经验世界与物理世界不一样。观察者知觉现实的观念称为心理场，被知觉的现实称为物理场，两者并不存在一一对应关系，而人类的心理活动是两者结合的心物场。当同一空间被不同的人或人群感受时所产生的体验通常存在明显的不同，这便是通常所说的心理空间。

不同的人面对相同的环境所产生的心理和行为反应都是不同的，所以在进行设计工作之前要充分研究环境中的使用者，考虑其普遍的行为心理及其差异性，使设计更具有针对性，而不是僵硬地套用某一模式。不同的景观类型所面对的使用群体是不同的，有些景观类型的使用群体相对固定，如一些专属性的环境空间，这些群体一般具有比较相似的生活方式和行为习惯，在设计时就要针对此类人群进行分析。有些景观类型面对的使用人群比较复杂、变动较大，设计时要充分考虑普遍意义上的人的行为心理，以适应复杂的多元化需求。

四、相关专业概念的比较

1. 景观设计和传统园林设计

在一定的地域运用工程技术和艺术手段，通过改造地形或进一步筑山、叠石、理水，种植树木花草，布置园路和营造建筑等途径创造的美的自然环境和游憩境域，被称为园林（图 1-9）。园林学的内涵和外延随着时代、社会的发展以及相关学科的影响不断丰富和扩大，园林设计逐渐发展成为今天的景观设计，或者说已表现出与景观设计趋同的特点，这是整体社会发展的结果。

不过传统的园林概念和现代的景观概念存在很多差异。现代景观突破了传统园林的狭小范围，空间设计从原来传统园林的封闭内向型转变为了开放的外向型，更加注重景观的系统性和整体性。现代景观不仅追求观赏美和陶冶情操，而且注重发挥景观环境的生态效益和社会效益。以土地为主的自然资源的保护和利用以及生态环境保护成为现代景观设计的重要内容。现代景观采用现代的技术和材料，多方位、多角度地对设计的理念进行表达，比传统园林具有更多的表现形式和方法，表现手法更加灵活。

2. 景观设计和建筑设计

景观设计是对人类生存空间的规划和设计，它更加关注的是人类的户外空间。而建筑设计是针对单栋建筑物的设计，其目的更多的是营造建筑空间和室内空间供人使用。广义上的景观设计涵盖建筑领域，是指整体地表景物，建筑可以看作广义景观中的一个组成部分；而狭义上的景观设计专指建筑空间之外的环境设计，建筑空间和景观空间具有相对的独立性（图 1-10）。

3. 景观设计和城市规划

城市规划研究城市的未来发展以及城市土地的合理利用、城市空间布局的协调和各项建设的综合部署和具体安排，是一定时期内城市发展的蓝图，是城市建设和管理的依据。景观设计与城市规划的主要区别在于景观设计是物质空间的具体规划和设计，包括城市与区域的物质空间形态设计，它虽然也注重环境的整体性和系统性，但它主要涉及具体视觉造型的设计；而城市规划更关注社会经济和城市总体发展计划，是一种宏观理论上的指导（图 1-11）。

4. 景观设计和城市设计

城市设计是指人们为特定的城市建设目标所进行的对城市外部空间和形体环境的设计和组织。《大英百科全书》指出："城市设计是指为达到人类的社会、经济、审美或技术等目标而在形体方面所做的构思……，它涉及城市环境可能采取的形体。"《中国大百科全书》认为："城市设计是对城市形体环境所进行的设计。一般指在城市总体规划指导下，为近期开发地段的建设项目所进行的详细规划和具体设计。城市设计的任务是为人们的各种行为活动创造具有一定空间形式的物质环境，内容包括各类建筑、市政设施、园林绿化等，必须综合体现社会、经济、城市功能、审美等各方面的要求，因此也称综合环境设计。"

图 1-9　私家园林景观

图 1-10　景观设计与建筑

图 1-11　景观设计和城市规划

相对于城市设计，景观设计更具确定性和最终性，是对环境最终形态的设计。而城市设计虽然也涉及空间形态的造型，但并不具有确定性，它仅是一种比较详细的限定。而且城市设计涉及的内容相对于狭义的景观设计而言可能更为复杂。

第二节　景观设计的产生及发展

早在夏、商、周时期，中国古人就将场地围起来，形成供狩猎使用的“囿”“苑”。随着生产力的提高和文化的进步，古人开始在自己生活的环境中设置“庭园”，进行“造园”，并为自己的陵墓进行选址和设计，这些设计理念与文化结合，成为“堪舆”，也就是现在所说的“风水”，这些宝贵的经验都是现代景观设计的基础。我们不能简单地将景观设计学等同于已有约定俗成内涵与外延的传统造园艺术或园林艺术，也不能完全将其等同于风景园林艺术。景观设计学是在传统园林学的基础上发展起来的，为适应新的时代需求，在概念和内涵方面都得到了极大的扩充和丰富。因此要想认知现代景观设计的产生就必须首先了解传统的造园美学。

虽然传统园林和现代景观都致力于营造美的环境，但因其所处的时代不同，服务的人群以及要解决的问题也有很大差异。现代景观设计将要面临更大的难题。

一、中国传统园林的美学特点

中国古典园林美学强调“师法自然”，讲求“虽由人作，宛自天开”。中国古典园林凭借其组景和造景的高超手法在世界古典园林中独树一帜。园林中除大量的建筑物外，还要凿池开山，栽花种树，用人工仿照自然山水创造风景，或以古代山水画为蓝本，参以诗词的情调，构成如诗如画的景致。概括而言，中国传统园林美学具有如下特点。

【作品欣赏】东方自然式园林

1. 讲求意境美

从园林创作手法来看，写意是中国传统园林最为主要的特征之一。中国的古典园林不局限于对自然景观的简单模仿，它的本质是对自然景观加以提炼和抽象。造园家要设计和经营的是环境的意境，这一点和中国传统山水画异曲同工。“诗情画意”是中国古典园林追求的审美境界（图 1-12 和图 1-13）。

图 1-12　苏州沧浪亭晨景

图 1-13　苏州网师园雪景

2. 尊重自然，追求天人合一的艺术效果

中国传统园林设计思想的根本特征是“自然”，诸如“有若自然”“妙在自然”“宛若自然”之语，和传统绘画艺术一样，中国古典园林也要求“外师造化，中得心源”，力求营造人与自然和谐共处的园林景致。

3. 追求委婉含蓄的情感表达

中国造园讲究的是含蓄、含而不露、言外之意、弦外之音，以及循序渐进的空间序列、曲径通幽的空间布局，使人们置身其中有扑朔迷离和不可穷尽的视觉感受，这是中国古典园林的魅力所在，也能体现中国人的审美习惯以及含蓄内敛的性格特点（图 1-14）。正是基于这样的原因，在景观设计的表达上，中国人注重意境的营造。一些寺庙园林景观设计突出对禅意的表达，让人身临其境，受到环境氛围的感染，引起共鸣，从而达到景观意境的表现目的。

4. 具有以小见大的视觉效果

传统园林除了少数皇家园林外，面积一般较小，而且与外界隔离。要在一个有限的范围内营造自然山水之美，最重要的是突破空间的局限，用适当的空间手法在有限的空间内营造无限的园景变化。园林布局通常曲折自由，常用假山、建筑、廊、墙、漏窗来分隔空间，限定观者的路线和视线，让观者穿过狭窄幽静的小道，几经曲折才能逐渐见到园内全貌，从而产生“柳暗花明又一村”的心理感觉。通过这种空间对比的手法可以使游客感受到的意境更加含蓄、深远。同时传统园林常采用借景的手法，如穿过假山石缝或者什锦窗隐约看到远处的景色，但不能视其全貌。通过这样的手法可以引导观者的视线，丰富空间的层次（图 1-15 和图 1-16）。

图 1-14 苏州拙政园曲折的临水长廊

图 1-15 苏州网师园的花窗透景

图 1-16 苏州拙政园的“待霜亭”

二、西方古典园林的特点

欧洲的造园艺术经历了三个最重要的时期：从 16 世纪中叶往后的 100 年，是以意大利园林为主；从 17 世纪中叶往后的 100 年，是法国园林领导潮流；从 18 世纪中叶起，英国的自然式风景园林影响巨大。西方园林所体现的是人工美、形式美，布局对称、规则、严谨，以大理石、花岗石等石材的堆砌雕刻、花木的整形与排行作为主要风格，呈现出一种几何式的图案美。英国的自然风景式园林可以说是一个例外。西方园林主从分明，重点突出，各部分关系明确、肯定，边界和空间范围一目了然，空间序列段落分明，给人以秩序井然和清晰明确的印象。

1. 意大利的台地园林

在文艺复兴时期，意大利的佛罗伦萨、罗马、威尼斯等地建造了许多别墅园林。其以别墅为主体，利用意大利的丘陵地形，开辟成整齐的台地，逐层配置灌木，并把它修剪成图案形的植坛，顺着山势设置各种水景，如流泉、瀑布、喷泉等，外围是树木茂密的林园，这种园林被称为意大利台地园林。意大利园林秉承了古罗马园林的风格，如意大利佛罗伦萨的美第奇别墅选址在山坡上，园基是两层狭长的台地，下层中间是水池，上层西端是主体建筑，栽有许多树木。台地园林是意大利的园林特征之一，有层次感、立体感，有利于俯视，容易形成气势。意大利文艺复兴时期的建筑家马尔伯蒂在《论建筑》一书中提出了造园思想和原则，他主张用直线划分小区，修直路，栽直行树。因此直线几何图形是意大利园林的又一个特征（图 1-17）。

2. 法国的古典主义园林

法国园林受到了意大利园林的影响，在 16 世纪主要效仿意大利的台地园林，到了 17 世纪，才逐渐自成特色，形成了古典主义园林风格。受以笛卡尔为代表的理性主义哲学的影响，法国的古典主义园林推崇艺术高于自然，人工美高于自然美，讲究条理与比例、主从与秩序，并且更加注重整体结构，而不强调细节变化；空间开阔，以宏伟华丽著称，但空间一览无余，意境显得不够深远。1638 年，法国造园家布阿依索写成西方最早的园林专著《论造园艺术》。他认为“如果不加以条理化和安排整齐，那么人们所能找到的最完美的东西都是有缺陷的”。17 世纪下半叶，法国造园家勒诺特尔提出要“强迫自然接受匀称的法则”。他主持设计的凡尔赛宫苑是法国古典主义园林的代表作（图 1-18 和图 1-19）。根据法国这一地区地势平坦的特点，园林中开辟了大片草坪、花坛、河渠，创造了宏伟、华丽的园林景色。凡尔赛宫苑分为三部分，南边有湖，湖边有绣花式花坛，中间部分有水池，北边有密林。园中有高大的乔木和笔直的道路，中央大道两旁有雕像，水池旁有阿波罗母亲雕像和阿波罗驾车雕像。这一时期的园林把主要建筑放在突出的位置，前面设林荫道，后面是花园，园林强调几何形网格。

图 1-17　意大利的台地园林

图 1-18　法国凡尔赛宫花园卫星图

图 1-19　法国凡尔赛宫花园

3. 英国的自然风景式园林

英国的早期园林艺术，受到法国古典主义造园艺术的影响。进入 18 世纪后，英国造园艺术开始追求自然，开始欣赏纯自然之美，恢复了传统的草地、树丛。其造园指导思想来源于以培根和洛克为代表的“经验论”，认为美是一种感性经验。到了 18 世纪中叶，新的造园艺术成熟，叫作自然风景园。全英国的园林都改变了面貌，几何式的格局没有了，再也没有笔直的林荫道、绿色雕刻、图案式植坛和修筑得整整齐齐的池子。花园就是一片天然牧场的样子，以草地为主，生长着自然形态的老树，有曲折的小河和池塘（图 1-20）。总的来说，它更加排斥人为之物，强调保持自然的形态。如对造园师肯特来说，新的造园准则就是完全模仿自然、再现自然，而“自然是厌恶直线的”，园林空间也更加完整和大气。但由于它过于追求“天然般的景色”，往往源于自然却未必高于自然。又由于过于排

图 1-20　英国的自然风景式园林

斥人工痕迹，因此细部较粗糙，园林空间略显空洞与单调。钱伯斯就曾批评它“与普通的旷野几无区别，完全粗俗地抄袭自然”。因此，英国自然风景式园林逐渐发生了新的改变，园林思想出现浪漫主义倾向，造园师开始在园中设置枯树、废物，以渲染其随意性、自由性，后来还受到了中式园林的影响，加入了一些中式园林的元素。

三、现代景观的产生

【知识拓展】景观设计的发展趋势

18 世纪下半叶爆发的工业革命和城市化运动引发了城市形态的重大变革，机器化大生产对于劳动力的需求引起了人类历史上最大规模的人口迁移。人们怀着对美好生活的向往纷纷从农村涌入城市，城市结构和规模都发生了急剧的改变。城市规模迅速扩大，城市环境不能承受如此重的负荷，生存条件不断恶化，出现了一系列被称为“城市病”的复杂城市问题。为了根治“城市病”，人们开始探索解决城市环境诸多矛盾的办法。

这些情况引起了当时的规划师和造园师的高度重视，很多著名的城市建设理论应运而生。米罗・西特强调城市公园对于城市空间健康发展具有重要的作用；公园绿地是城市保持生态平衡不可缺少的元素，是城市的“肺”。埃比尼泽・霍华德提出了“田园城市”的理论，在他的著作《明天——一条引向真正改革的和平道路》中提出了“花园城市”的设想。他认为在这样的城市里，“积极的城市生活的优美能同乡村的美丽和福利结合在一起”。他在《明日的花园城市》中指出城市的生长应该是有机的，一开始就应该对人口密度、居住密度、城市面积等加以控制，配置足够的公园和私人园地，城市周围有一圈永久性的农田绿地，形成城市和郊区的永久结合，使城市如同一个有机体一样，能够协调、平衡、独立自主地发展。另外，还有勒・柯布西耶的“光明城市”理论，他在 1912 年发表的著作《明日的城市》中提出了一个拥有 300 万人口的“现代城市”的方案。主张城市按功能分区，用简单的几何图形的方格网加放射性道路系统代替传统的同心圆式布局，用高层建筑和多层交通等现代设施取代霍华德的水平式花园城市，以适应他称之为“机器时代的社会”。

工业革命后，传统的造园已经明显不能满足城市环境发展的需要。美国率先开始大兴城市园林化，欧洲并起，实行街道、广场、公共建筑、校园、住宅区的园林一体化建设，并建立了各种自然保护区。

在 19 世纪中叶兴起的自然主义运动中，以美国现代景观设计的创始人奥姆斯特德（F. L. Olmsted）为代表的美国“城市公园运动”给现代园林设计指明了方向。他把传统园林学的范围扩大了，从庭园设计扩大到城市公园系统的设计，乃至区域范围的景物规划。他认为城市户外空间系统以及国家公园和自然保护区是人类生存的必需品，而不是奢侈品。他和英国建筑师沃克斯合作设计的纽约中央公园成为纽约城中的一片绿洲，极具先见之明地给城市提供了大片的绿地和休憩场所。在此之后，中央公园得到了公众赞赏。他使古典园林从贵族和宫廷中解放出来，从而获得了彻底的开放，为其进一步的发展铺平了道路，逐渐形成了现代景观开放性、大众化、公共性的基本特点（图 1-21 至图 1-23）。

中国虽然没有出现类似西方国家那样轰轰烈烈的工业革命，但是随着整个社会的发展，城市空间结构也发生了重大变化；中国古典园林同样表现出了时代的局限性，即古典园林在审美环境上具有相当程度的封闭性和排他性。中国古典园林为迎合当时士大夫阶层的审美需求，发展出了一整套小景处理的高超技巧，但由于过分着力于细微处，只适合极少数人细细品味、近观把玩。正是受这种极其细腻的审美心理的支配，中国古典园林只能成为经典的园林赏品。古典园林并不关注环境的生态效益和社会效益，不能真正成为优化城市环境发展的力量和解决城市环境问题的方式。所以，我国的现代园林设计顺应社会的时代特点，在内涵和外延上得到了极大的丰富，并逐渐发展成为现代景观设计。

现代景观顺应时代的新要求，从古典园林中走出来并日臻完善。今天的景观设计已和传统造园有了很大的区别，不但从仅仅满足少数人的审美需求发展到解决整个城市的环境问题，并为全体公众享用，而且开始注重城市环境的生态效益和社会效益。景观设计学从景观设计的角度理解和解决城市发展中遇到的种种问题，在未来势必会对人类的生存环境建设起到举足轻重的作用（图 1-24）。

图 1-21　美国纽约中央公园卫星图

图 1-22　美国纽约中央公园鸟瞰图

图 1-23　美国纽约中央公园内部景观

图 1-24　现代景观设计

本章小结

通过对景观基本知识的介绍和学习，掌握中西方设计的发展历史，以及不同地域、不同历史时期景观设计的特点；能够区分景观设计与其他相关学科的差别，形成对景观设计的认识。

思考与实训

1. 简述什么是景观设计。
2. 分析中西方景观设计的异同。

CHAPTER TWO

第二章 景观设计表达

知识目标

掌握投影及透视的原理，熟悉景观设计制图中常用的表达方式，了解景观设计图纸的组成。

能力目标

1. 掌握正投影法及透视投影法、轴测投影法、标高投影法。
2. 了解景观平面、立面和剖面的内容。
3. 掌握植被、铺装及水面的绘制方法。
4. 能够应用一点透视、两点透视和三点透视绘图。

第一节 投影的概念

在构思空间设计时，需要运用所学的专业知识，在头脑中生成大量的相互联系的三维几何信息。这些信息是用语言和文字无法表达清楚的，为了更好地表现空间并方便与人交流，必须在图纸上把它们画出来，使其变为二维几何信息，从而使人们能够借助图纸把所设计的物体建造出来。同时，施工单位和施工人员需要通过这些二维的几何信息还原三维空间概念，进而利用它准确地指导施工。

把空间形体表示在平面上，是以投影法为基础的。投影法源自日常生活中光的投射成影这一物理现象。例如当电灯照射室内的一张桌子时，必然有影子落在地板上；如果把桌子搬到太阳光下，必然有影子落在地面上。

一、投影的基本概念

投影是指通过表达对象的一系列投射线与投影面的交点的总和。获得投影的方法称为投影法。投影的三要素（图 2-1 和图 2-2）如下。

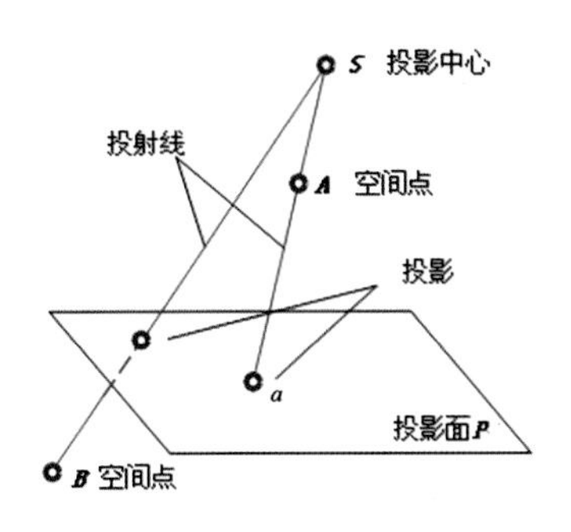

图 2-1　空间点的投影

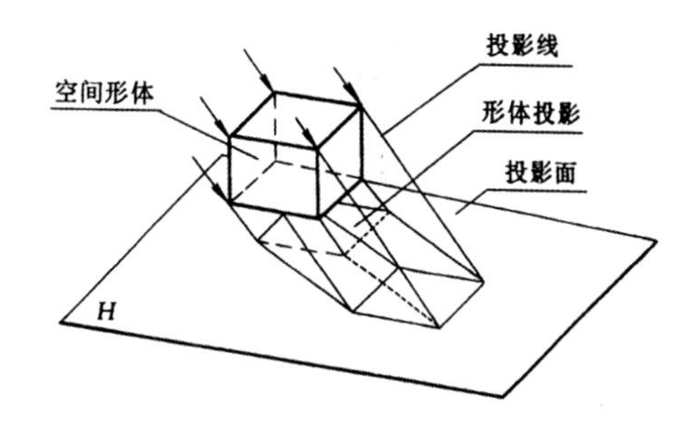

图 2-2　立方体的投影

（1）投影中心及投射线。

（2）投影面（不通过投影中心）。

（3）表达对象（空间几何元素或几何形体）。

二、投影的分类

投影可根据投影线是否平行分为中心投影和平行投影。当投影中心距投影面为有限远时，所有的投射线都从投影中心出发（如同人眼观看物体或电灯照射物体），投影线不平行，这种投影方法称为中心投影法（图 2-3）。用中心投影法获得的投影通常能反应和表达对象的三维空间形态，立体感强，但度量性差。这种图习惯上被称为透视图。

假设投影中心距投影面无限远，所有的投射线会变得互相平行（如同太阳光一样），这种投影法称为平行投影法。其中，根据投射线与投影面的相对位置的不同，其又可分为正投影法和斜投影法两种。正投影是投射线垂直于投影面而产生的平行投影（图 2-4）；正投影的形状大小与表达对象本身存在简单明确的几何关系，因此具有较好的度量性，但立体感差。斜投影是投射线倾斜于投影面而产生的平行投影（图 2-5），利用它可以绘制轴测图。

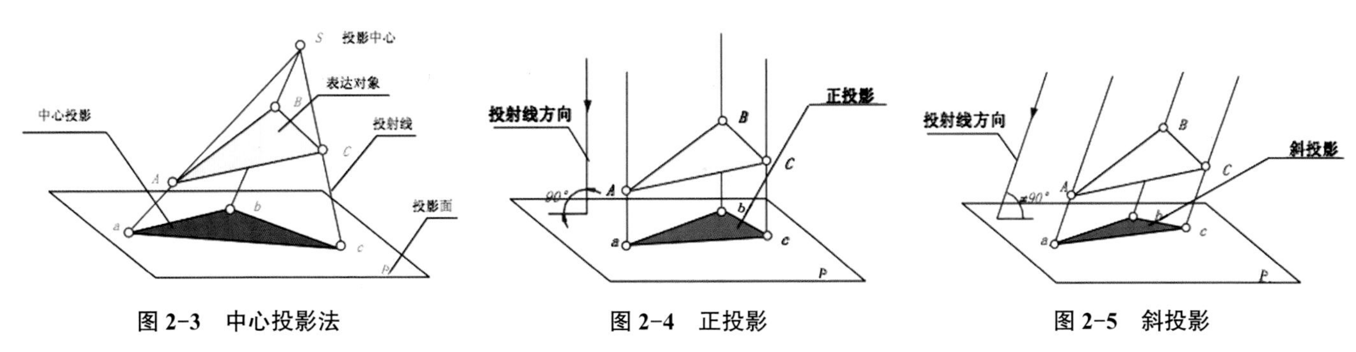

图 2-3　中心投影法　　图 2-4　正投影　　图 2-5　斜投影

三、立体的三面投影图

由于单面正投影并不能准确表达物体的形状，为了确切、唯一地反映空间物体的位置和形状，须采用多面投影相互补充。

一般来说，空间立体有正面、侧面和顶面三个方面的形状；具有长度、宽度和高度三个方向的尺寸。物体的一面正投影，只能反映物体一面的形状和两个方向的尺寸。为了反映物体三个方面的形状和尺寸，常采用三面投影图。

三面投影图是采用正投影法将空间几何元素或几何形体分别投影到相互垂直的三个投影面上，

并按一定的规律将投影面展开形成一个平面（图 2-6），把获得的投影排列在一起，使多个投影互相补充，以便准确地表达对象的空间位置或形状。所得到的三面投影图分别为正面投影、水平投影和侧面投影（图 2-7）。正面投影由前向后投影，侧面投影由左向右投影，水平投影由上向下投影。水平投影反映了物体的顶面形状和长、宽两个方向的尺寸；正面投影反映了物体的正面形状和高、长两个方向的尺寸；侧面投影反映了物体的侧面形状和高、宽两个方向的尺寸。水平投影和正面投影具有相同的长度；正面投影和侧面投影具有相同的高度；侧面投影和水平投影具有相同的宽度。这就是通常所说的长对正、高平齐、宽相等。

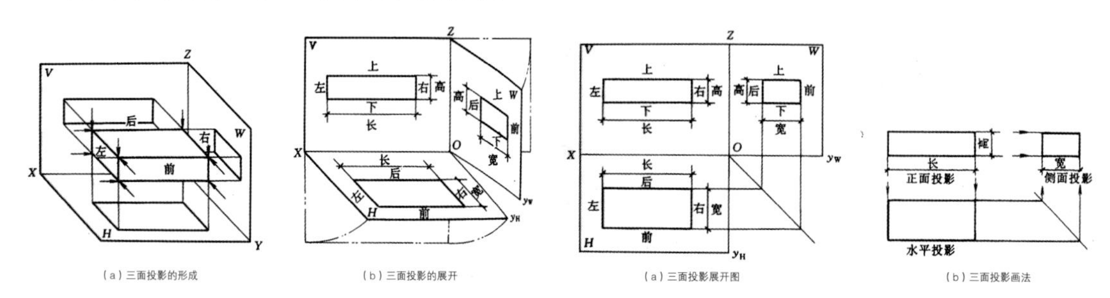

（a）三面投影的形成　（b）三面投影的展开

图 2-6　三面投影的形成与展开

（a）三面投影展开图　（b）三面投影画法

图 2-7　三面投影的展开图与画法

四、工程中常用的投影图示方法

1. 正投影法

用正投影法绘制的图样称为正投影图，是纯粹的平面图，没有立体感。用正投影表现物体往往需要几个投影面结合起来表达（图 2-8）。景观设计中的各种施工图就是用这种方法绘制的，比如景观平面图、景观立面图、景观剖面图等，但它们不需要像三面投影图一样在位置上严格对应。

2. 透视投影法

透视就是将三维立体空间绘制在图纸上。如果掌握了空间透视法就可以更好地利用线条表现对象，并增强设计者对空间概念的理解力和表现力。透视投影法是利用中心投影绘制图样的方法，这种图形可真实地呈现空间的效果，形象逼真、立体感强。在景观设计时经常用透视图表现空间造型，它能使人感受到较为真实的设计场景效果（图 2-9）。

（a）正投影法原理　（b）三面正投影图示法

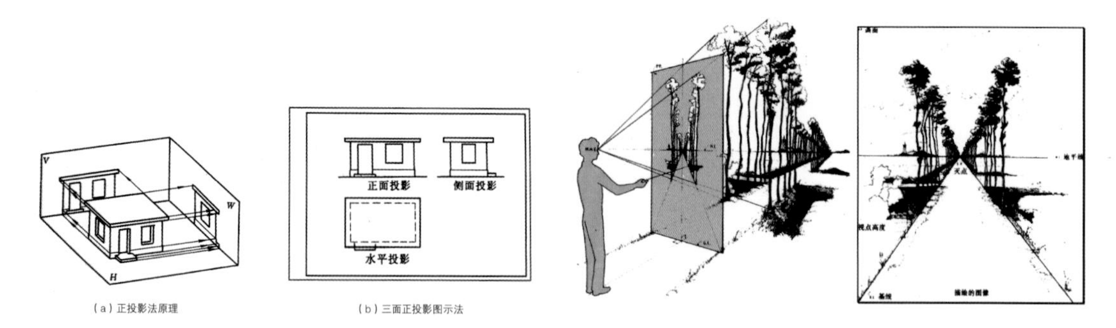

图 2-8　正投影法与正投影图

图 2-9　透视投影的形成

3. 轴测投影法

用平行投影法绘制的具有立体感的图形称为轴测投影图，简称轴测图。由于轴测图具有一定的立体感并可度量，所以常常用以辅助说明某些节点的具体构造（图 2-10）。

4. 标高投影法

标高投影法是指利用平行正投影法绘制并标注图形的高程。在景观设计中用标高投影表现地形的起伏变化而得到的图形，就是人们常说的地形图。它把地形中不同高度的截面正投影到地面上，形成位于空间不同高度的等高线集合，在同一等高线上各点的高度均相等（图 2-11）。

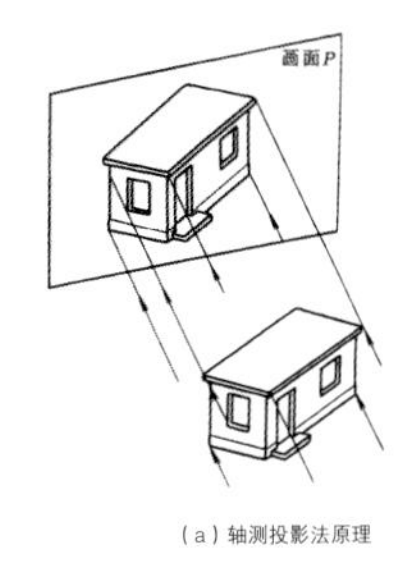

（a）轴测投影法原理

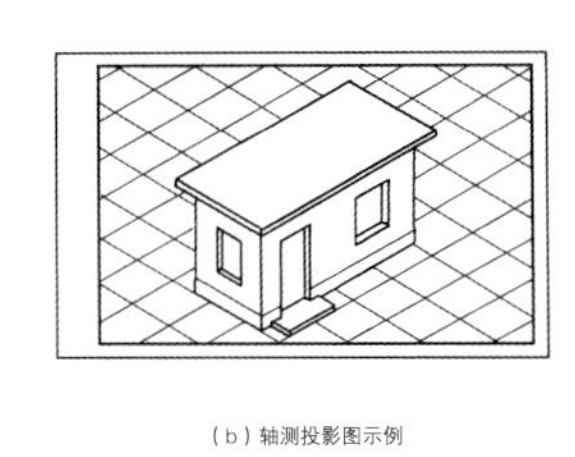

（b）轴测投影图示例

图 2-10　轴测投影法与轴测投影图

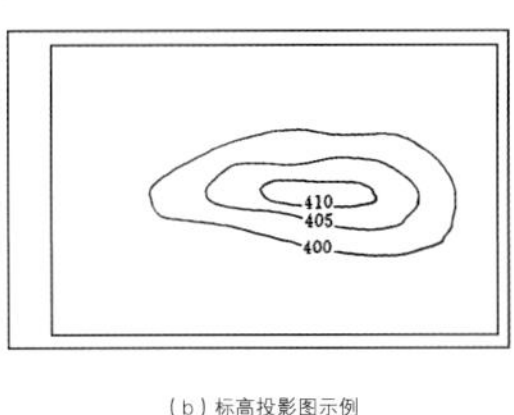

（a）标高投影法原理

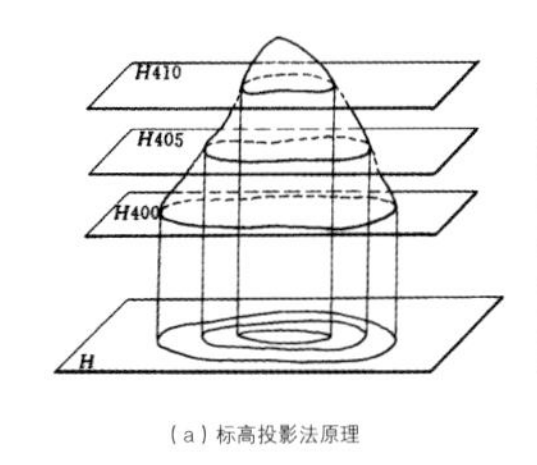

（b）标高投影图示例

图 2-11　标高投影法与地形图

第二节　景观的平面、立面和剖面图

景观设计中为了更好地表现设计空间，也会运用投影法绘制投影图，也就是各种工程图。各个方向的投影图相互对应，共同表现一个三维的立体空间。

常用的景观投影图有景观平面图、立面图、剖面图等。景观中的平面图、立面图、剖面图是景观中各种要素（地形、水面、植物、建筑或构筑物等）的水平面和立面、剖面的正投影集合形成的视图（图 2-12）。景观制图是一种图式语言，要求严谨、准确。

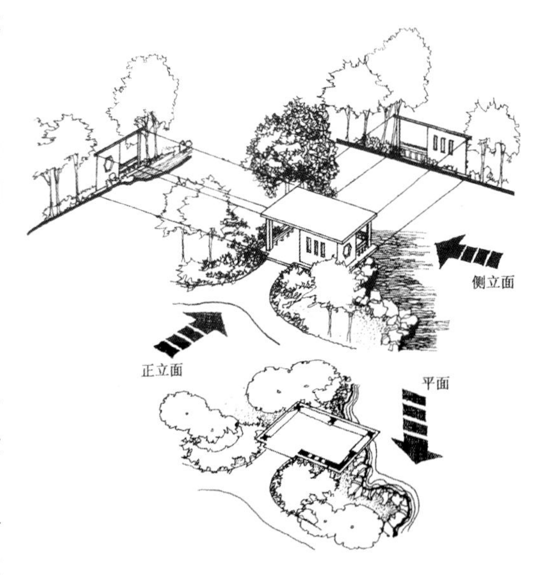

图 2-12　景观的平面、立面投影图

一、景观平面图

景观平面图是在与地面平行的投影面上作的环境正投影图。景观空间更多的是一种平面的展开，所以景观平面图是一种很重要的投影表现图，涵盖大量平面布局的信息。它清楚地表达了空间的平面结构和布局，包括地形、道路、构筑物、水面、植被的平面形态，以及它们之间的平面关系。在进行景观设计时，也多从平面布局开始。对景观平面图的设计和绘制一直是景观设计的重点内容，它在很大方面上决定了最终的景观视觉效果（图 2-13）。

景观平面图在不同设计阶段的绘制深度和方式也不尽相同。在方案设计阶段，平面图主要说明整个场地大致的平面结构关系，是一种框架式表达；各种景观要素的表现相对简单，重点表现要素之间的组织关系。施工图阶段的平面图是进行景观施工的凭证，所以要求绝对准确、严谨，每一处都要交代清楚。为了更好地表达景观空间，景观平面要素通常会分项绘制，对重点区域进行重点表现。

【知识拓展】景观平面图示例

二、景观立面图和剖面图

景观立面图是在与地面垂直的投影面上作的环境正投影图。景观剖面图是指物体被假想的铅垂面剖切后，沿某一剖切方向投影所得到的视图。景观剖面图的剖切位置应在平面图中标出，用剖切符号表示。景观剖面、立面图可反映景观的地面高差和竖向设计，是对景观空间的进一步说明（图 2-14）。

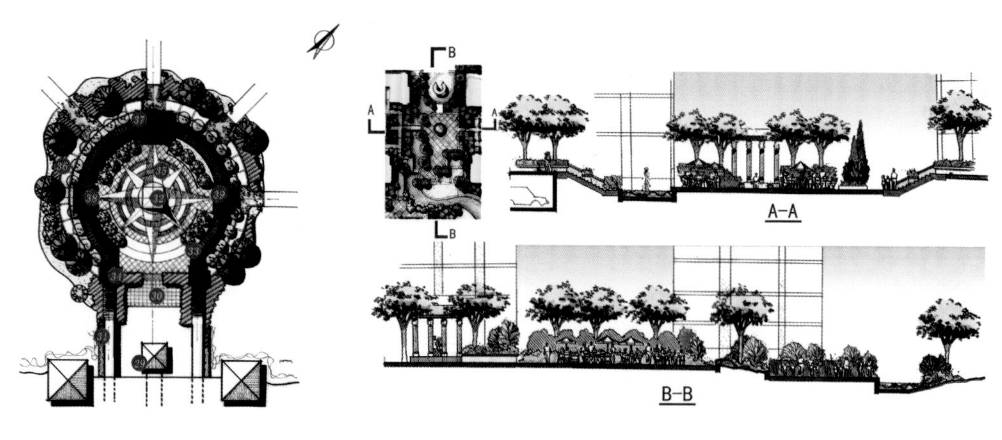

图 2-13 某景观平面图

图 2-14 某景观剖面图

第三节 地形地貌的图示

地形的平面表示方法很多，比如等高线法、高程标注法、线影法等，每种方法各有特点，其中等高线法和高程标注法是最常用的。

一、等高线法

1. 等高线的含义及类型

等高线指地形图上高程相等的各点连成的闭合曲线。把地面上海拔高度相同的点连成的闭合曲线，垂直投影到一个标准面上，并按比例缩小画在图纸上，就可得到地形等高线（图 2-15）。

等高线按其作用的不同可分为首曲线、计曲线、间曲线与助曲线四种。首曲线，又叫基本等高线，是按规定的等高距测绘的细实线，用以显示地貌的基本形态。计曲线，又叫加粗等高线，为了阅读方便，从起点起，每隔四根等高线加粗描绘一根等高线，这根加粗的等高线就是计曲线。间曲线，又叫半距等高线，是按二分之一等高距描绘的细长虚线，主要用以显示首曲线不能显示的某段微型地貌。助曲线，又叫辅助等高线，是按四分之一等高距描绘的细短虚线，用以显示间曲线仍不能显示的某段微型地貌。一般情况下，原地形等高线用虚线表示，设计等高线用实线表示（图 2-16）。

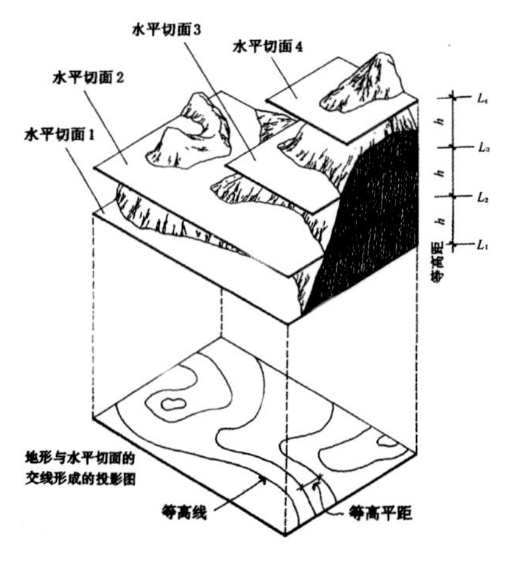

图 2-15 地形等高线画法示意图

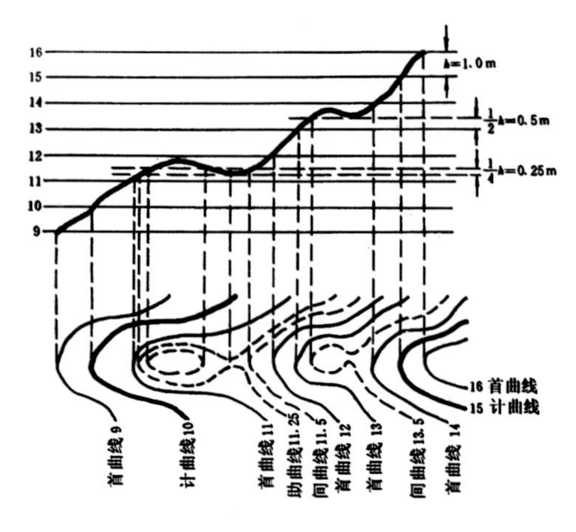

图 2-16 地形等高线的种类

2. 等高距和等高平距

地形图上相邻等高线的高差称为等高距。地形图上等高距的选择与比例尺、地面坡度有关（表 2-1），同一幅地形图上的等高距是相同的。地形图上相邻等高线的水平距离称为等高平距。

表 2-1 地形图的等高距

地面倾角	比例尺寸				备注
	1 : 500	1 : 1 000	1 : 2 000	1 : 5 000	
0° ～ 6°	0.5 m	0.5 m	1 m	2 m	等高距离 0.5 m 时，特征点高程可注至 cm。其余注至 dm
6° ～ 15°	0.5 m	1 m	2 m	5 m	
15° 以上	1 m	1 m	2 m	5 m	

通常把坡面的铅直高度 h 与水平宽度 d 的比值叫作坡度（或叫作坡比），用字母 i 表示，一般使用百分比表示（图 2-17）。

坡度：$i=h/d\times 100\%$

等高线中还有用以指示斜坡降低的方向的示坡线。示坡线是垂直于等高线的短线，通常沿山脊及山谷线的方向绘制。其与等高线相连的一端指向上坡方向，另一端指向下坡方向。

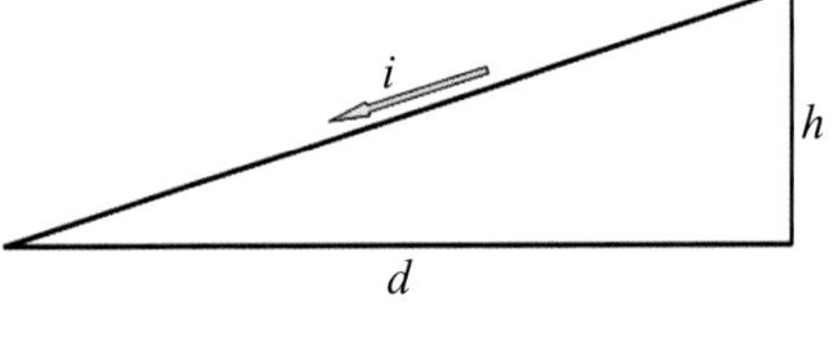

图 2-17 坡度示意图

坡度不变，坡度垂直高度越高，形成坡度的长度就越长。

3. 等高线的特征

（1）等高性——同一条等高线上的地面点的高程相等。

（2）闭合性——等高线通常是封闭的。

（3）非交性——在同一幅图内，除了陡峭的垂直面以外，等高线一般不会相交。

（4）密陡稀缓性——图内相邻等高线的高差一般是相同的，因此地面坡度与等高线之间的水平距离成反比。等高线密集的地方表示陡坡；等高线稀疏的地方表示缓坡；等高线间隔均匀表示上下坡度均匀一致，是均匀坡。

二、高程标注法

1. 高程（标高）的含义及类型

高程指的是某点沿垂线方向到绝对基面的距离，可分为绝对高程和相对高程。

我国把黄海平均海平面定为绝对高程的零点，其他各地高程以此为基准。任何一地点相对于黄海的平均海平面的高差，就被称为该地点的绝对高程。个别地区采用绝对高程有困难时，也可以采用相对高程。

测定相对高程要先假定某一水准面，其他空间点沿铅垂线方向到此基准面的距离即为该点的相对离程。如在建筑施工图的总平面图说明中，一般都有类似“本工程一层地面为工程相对标高 ±0.000 m，绝对标高为 36.55 m”的说法。这里的“一层地面 ±0.000 m”是相对于工程项目的假定高度，但它比黄海平均海平面高 36.55 m。当工程施工到建筑二层地面时，图纸上给出的二层地面建筑高度为 +4.5 m，表示二层地面比一层地面 ±0.000 m 高出 4.5 m。

2. 高程标注法的使用

高程标注法是表示地形的另一种方式，一般配合等高线法使用。它没有等高线法那么直观，但比较灵活。在表示地形图中某些特殊地形点时，可用十字或圆点标记，并在标记旁注明该点到参照面的高程（图 2-18）。这一标注点常处于等高线之间，高程标注一般精确到小数点后两位。

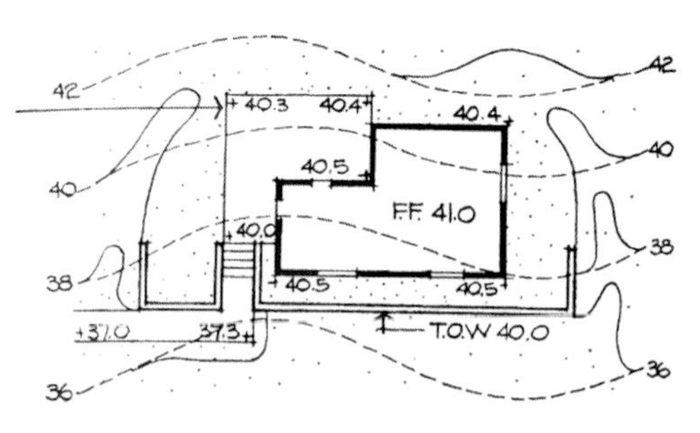

图 2-18 高程标注法

第四节 植被、铺装及水面的绘制

一、树木的绘制

1. 树木平面的绘制

景观平面图中离不开树的平面表现，其也是利用正投影的原理，以树干的位置为圆心，以树冠的平均半径为半径作圆形。圆形内的线可依照树形特点绘制，如针叶树多采用从圆心向外辐射的线束，阔叶树多采用各种图案的组合，热带大叶树则多用大叶形的图案表示。但有时亦完全不顾及树种而纯粹以图案表示。按照树型的不同特点，树木的平面表达形式也可分为轮廓型、分枝型、枝叶型、质感型等。树木的表现要遵照树形的特点，包括枝叶形态、树冠大小等，并根据不同的设计阶段有所区别地绘制。

（1）轮廓型。轮廓型只用线条勾勒出轮廓，图形简练，线条流畅。这种画法较为简单（图 2-19），适用于树冠较密实、规整的树木，而且多用于草图设计或概念设计中，绘制方便，效果简洁大方。根据树木特征，也可以适当处理轮廓线，以增强其可识别性。

（2）分枝型。分枝型是在画出树木轮廓的基础上，用类似放射形的组合线条表示树干及树枝的分叉，适用于枝干分叉明显、造型优美的树形。其根据枝条的形态及处理手法的不同有很多变化，可以绘制较为概念化的放射线式，也可以较为细致地描绘出树干的具体形态（图 2-20）。

（3）枝叶型。枝叶型平面既表示树木的分枝，又绘以冠叶修饰。树冠可以用轮廓线表示，也可以画出树冠的质感。此种表现方式画面效果比较丰富、充实（图 2-21）。

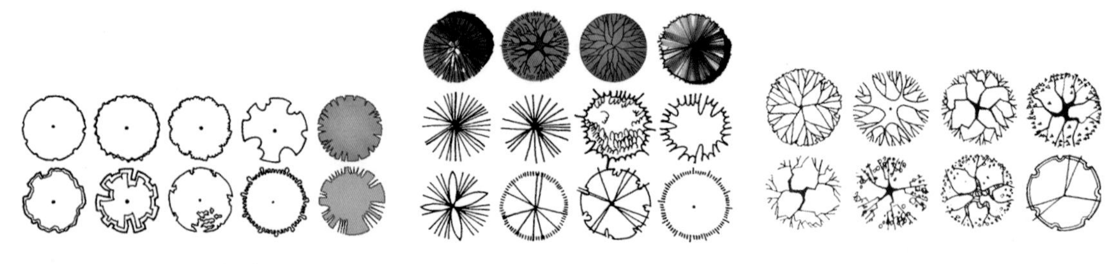

图 2-19 轮廓型 图 2-20 分枝型 图 2-21 枝叶型

（4）质感型。质感型根据树冠的冠叶形态，用各种不同的线条组合表现树冠的肌理和质感（图 2-22）。此种方式对树木的表现较为细致，识别性较好，比较容易形成画面的视觉中心。

几株相连的树木，可以按单株形式绘制，也可以把外轮廓连成一体，整体绘制（图 2-23）。

对于大片树木，可以画出整片树木的外轮廓，但要注意树冠的半径大小以及整体轮廓外形的美观（图 2-24）。

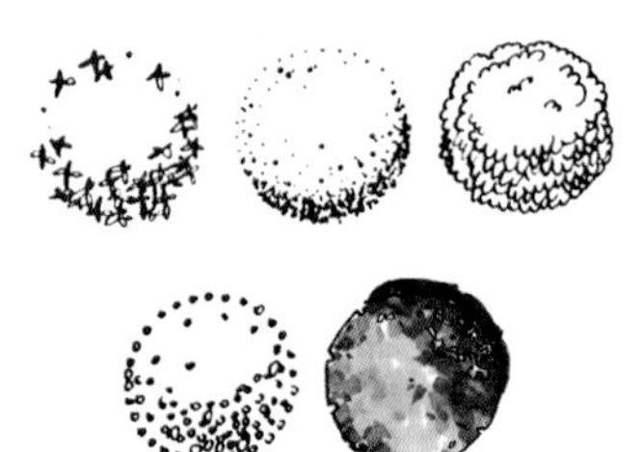

图 2-22　质感型

图 2-23　几株树木的组合画法

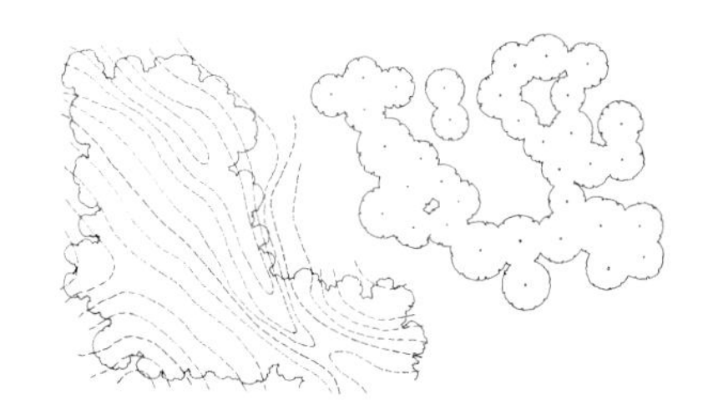

图 2-24　大片树木的画法

2. 树木平面落影的绘制

在绘制树木平面的基础上，应利用斜投影的方法给平面加上阴影，以增加树木的立体效果和画面的层次对比，使画面明快、有生气。树木平面落影的尺寸要匹配树木平面的尺寸并和树形保持一致，如圆球形树冠的落影为圆形，圆锥形树冠的落影为锥形（图 2-25）。投影方向要考虑实际光线的投射方向。在同一幅景观平面图中，树木平面落影的投影方向要保持一致，并注意落影在不同材质地面上的质感表现。

【知识拓展】景观设计师必备技能

3. 树木立面的绘制

在景观剖、立面图中要进行树木立面的绘制，树木的立面配合平面能更加准确地表现树木的形态。树木的立面能体现树木的高度、树干的分叉形式、分叉高度以及树冠的形态。

树木的种类繁多，形体千姿百态，立面的绘制方法亦多种多样，往往令初学者不知从何处入手。树的整体形状基本决定于树的枝干，了解了枝干结构才能准确生动地绘制树形（图 2-26）。树的枝干大致可归纳为以下几类。

第一类枝干呈辐射状态，即枝干于主干顶部呈放射状出杈。第二类枝干沿着主干垂直方向相对或交错出杈，出杈的方向有向上、平伸、下挂和倒垂几种，此种树木的主干一般较为高大。还有一种枝干是主干由下往上逐渐分杈，愈向上出杈愈多，细枝愈密，且树叶繁茂，此类树木应用较多，通常树形优美，画面效果较好。

除了枝干以外，树木的树冠也可分为不同的类型，其按几何形体特征可归纳为球形、扁球形、长球形、半圆球形、圆锥形、圆柱形、伞形和其他组合形等，绘制时要抓住其主要特征。

树木立面的绘制方式和平面相似，分为轮廓型、分枝型和质感型等几大类（图 2-27）。绘制不同树木立面要考虑其实际高度以及树冠和树干的比例，这样既能很好地表现个体树木，也能正确处理大、小乔木以及灌木之间的比例尺度。

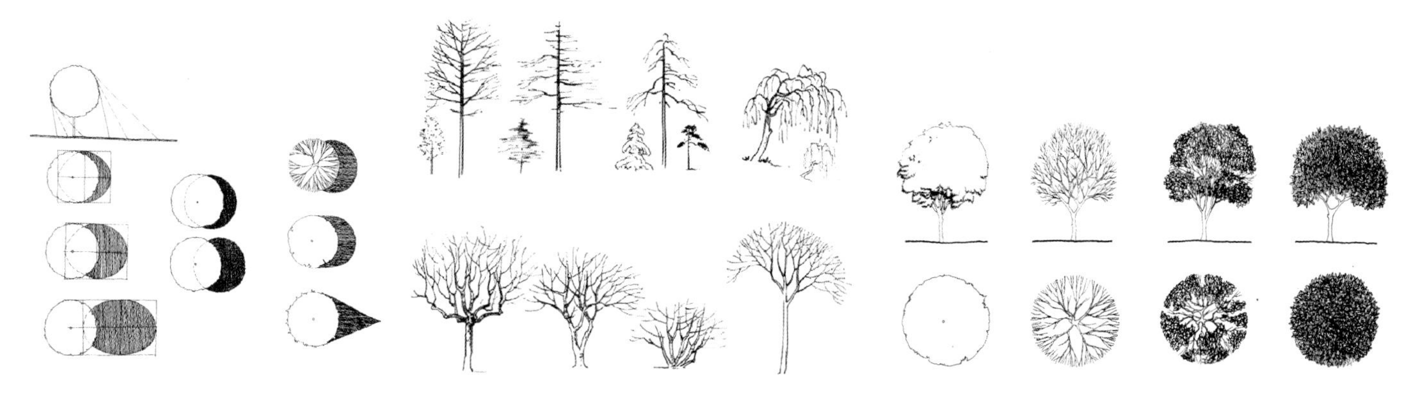

图 2-25　树木平面的落影　　图 2-26　枝干的画法　　图 2-27　树木立面的画法

景观立面图中的树木是空间立体配景，绘制中应适当地表现其体积感和层次感，一般应分别绘出远、中、近景三种树。远景树通常位于画面的远处，起衬托作用，树的深浅以能衬托前景树或建筑物为准。如果前景树色调深则背景树宜浅，反之则用深背景。远景树也可只画出轮廓，树丛色调可上深下浅、上实下虚，以表现近地的雾霭造成的深远空间感。中景树和前景树一起构成画面的主体，画中景树要抓住树形轮廓，概括枝叶，表现不同树种的特征。近景树的描绘要细致具体，如树干可适当表现树皮纹理，树叶亦表现树种特色等。近景树要表现一定的体积感，用自由线条表现枝叶的明暗关系，也可用点、圈、条带、组线、三角形及各种几何图形，以高度抽象简化的方法描绘。

4. 树木平、立面的统一

景观平面图和剖、立面图在图纸位置上虽不用像三面投影图一样严格对应，但平面与立面的图纸内容要保证严格统一，树木位置应保持一致。上下对应的平、立面图要保证立面树干处于平面树冠圆的圆心（图 2-28）。在同一套图纸中，树木平面、立面的表现方法应相同，表现手法和风格应一致，并保证树木的平面冠径与立面冠幅相等。

图 2-28 树木平、立面图

二、灌木和地被植物的绘制

灌木和地被植物是景观绿化中的重要内容，其绘制要考虑整体画面的效果，和乔木的绘制风格保持统一。灌木和地被植物相对来说体积较小，没有明显主干，在绘制时要把握其主要外形特征，常常成片绘制（图 2-29）。其绘制方法主要以轮廓型和质感型为主。在景观平面图中灌木和地被植物的轮廓外形要考虑乔木的配置特点，起到丰富整体画面的效果（图 2-30）。如果乔木表现得较充分，色调较重，那么灌木和地被植物就可以以轮廓线为主，色调宜浅；反之，则灌木和地被物则可以表现得较为充分，色调较深，起到衬托和突显乔木的作用。在景观立面图中灌木和地被植物能起到联系各种乔木、统一整体画面的作用（图 2-31）。

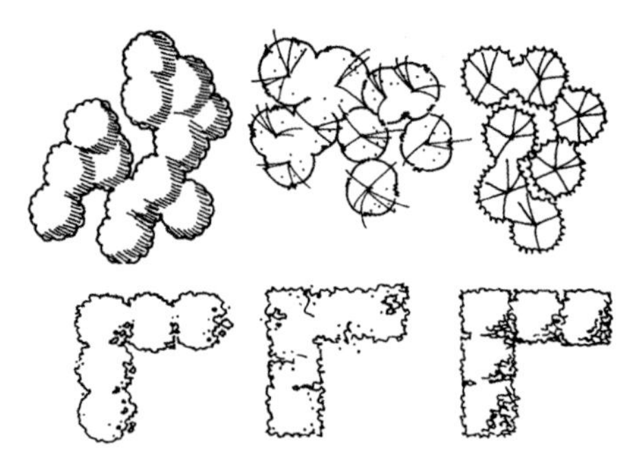

图 2-29 灌木平面的画法

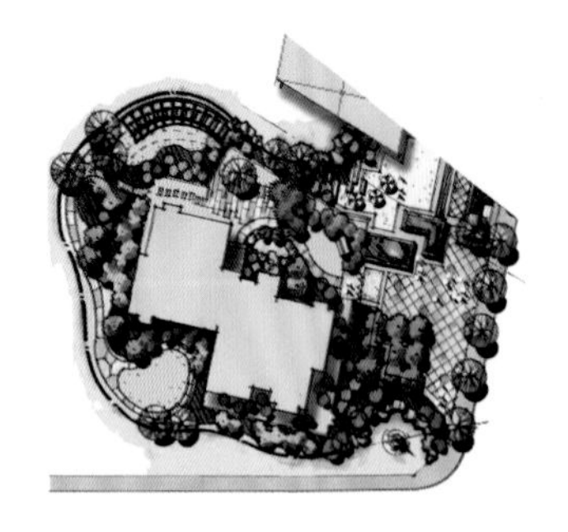

图 2-30 某景观平面图

图 2-31 某景观剖面图

三、草地的绘制

草地的表现手法主要是打点法、小短线法和线段排列法（图 2-32）。其中打点法是最简单也是比较容易控制的一种；小短线法和线段排列法利用不同长度的线段组合排列表现草地的肌理，色调

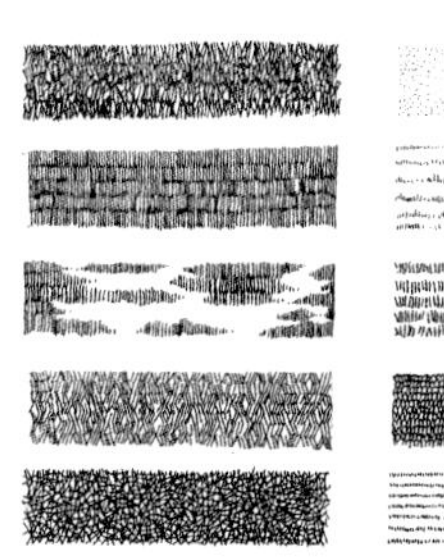
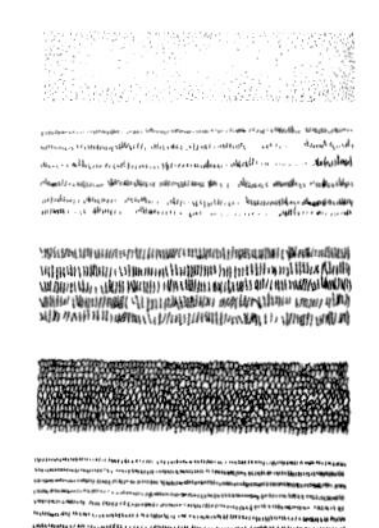

图 2-32　草地的画法

较深，应谨慎使用。

对于草坪的表现更多地要服从整体的画面要求，配合乔、灌木的表现做整体考虑。草地由于面积较大，没有明显个体造型特征，所以更多的起到背景铺衬的作用，对于它的绘制表现要灵活处理。

在绘制平面图时，可以根据画面需要满铺绘制草坪，也可以有针对性地进行局部绘制，以突出画面的节奏和重点。

四、铺装的绘制

景观中的场地和路面是由各种铺装材料铺砌而成的，在景观平面图的绘制中要对大面积的硬地和道路面进行铺装纹理的描绘。铺装要根据铺装材料的类型、实际尺寸和铺砌方式绘制（图 2-33）。在不同设计阶段和比例的景观平面图中，铺装的表现形式也要有所区别。在方案阶段的景观平面图中，可以绘制大的铺装关系，而不用注重过多的细节（图 2-34）；在施工图阶段要对地面铺装进行翔实的绘制，在总平面图中表达不清楚的，还要通过节点详图来说明（图 2-35）。

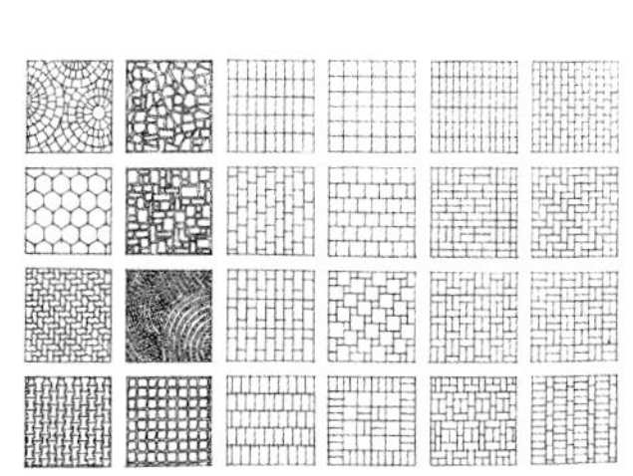

图 2-33　各种铺装形式的画法

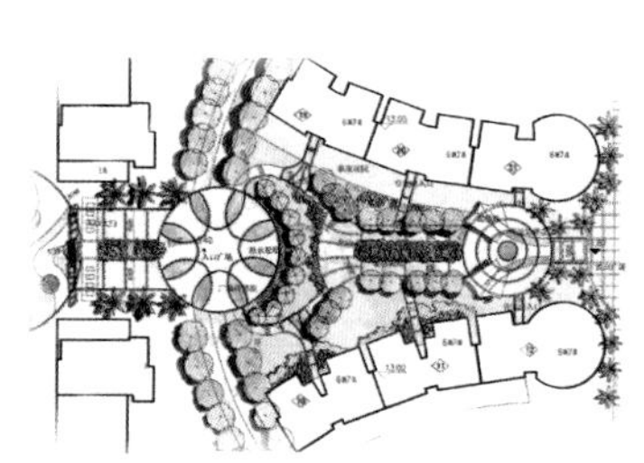

图 2-34　某小区景观平面图中的铺装示意图

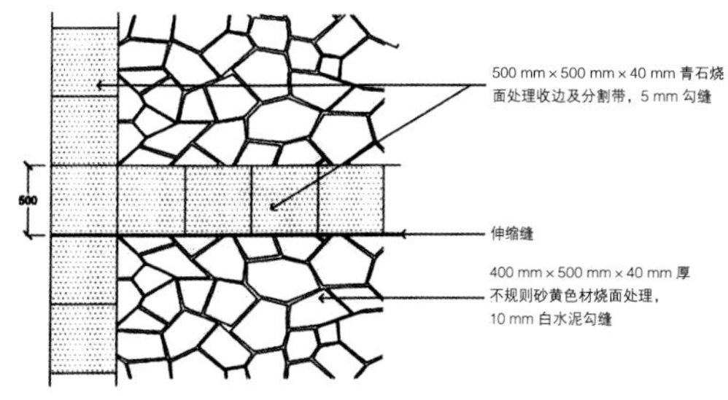

图 2-35　铺装节点图

五、水面的绘制

水体在景观设计中应用广泛，对于水面的表示常采用线条法、等深线法、平涂法和增添景物法（图 2-36）。不同的水体类型适宜选用不同的表现方法，如窄的几何形水面可以采用线条法或平涂法（图 2-37）；自然形水面适宜采用等深线法（图 2-38）；同时要考虑整体的画面气氛，同一幅画面中的表现形式要尽量统一。

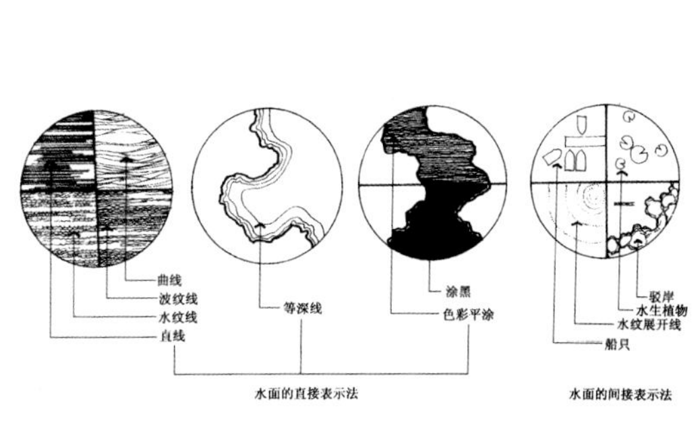

图 2-36　水面的不同画法

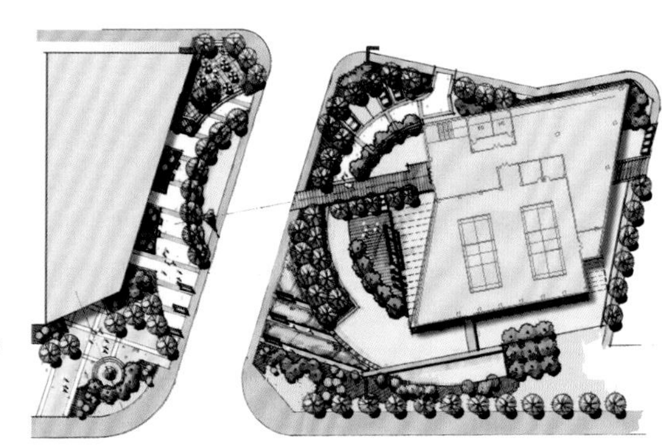

图 2-37　水面的平涂画法

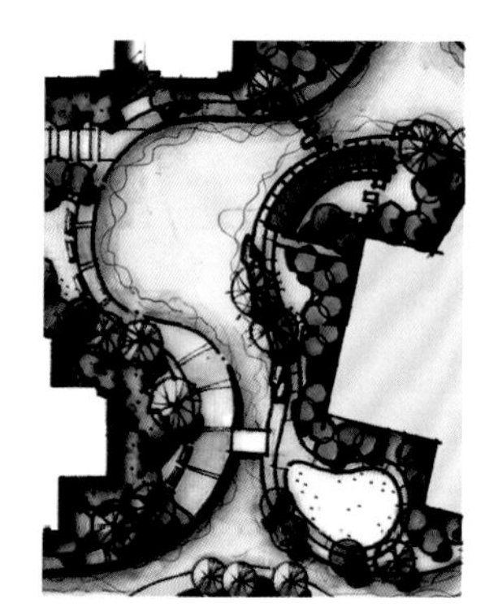

图 2-38　水面的等深线画法

第五节 景观透视图

【知识拓展】景观透视图示例

透视图能比较直观地表达设计效果，立体感很强，符合人的观察习惯。在景观设计中经常利用透视图分析空间或者呈现设计效果。一张好的景观透视图可以更加准确、生动地表现空间氛围，从而使人对空间有更好的理解。

一、透视图的形成

形象地说，透过玻璃窗看外边的道路、建筑等景物，把映在玻璃上的景物描绘下来，得到的二维平面上的图像即为透视图。“透视”的意思简单理解就是透过透明的平面观看物体，从而研究它们的形状（图 2-39）。从投影学的角度看，透视图属于中心投影图，即由人眼向物体引出的视线与画面相交而形成的视图（图 2-40）。

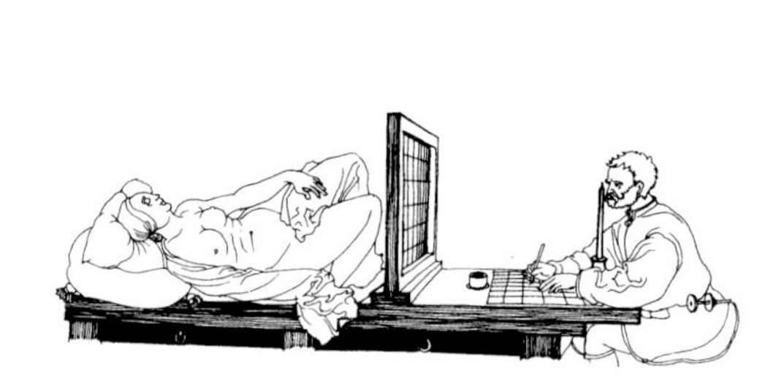

图 2-39 透视的形成

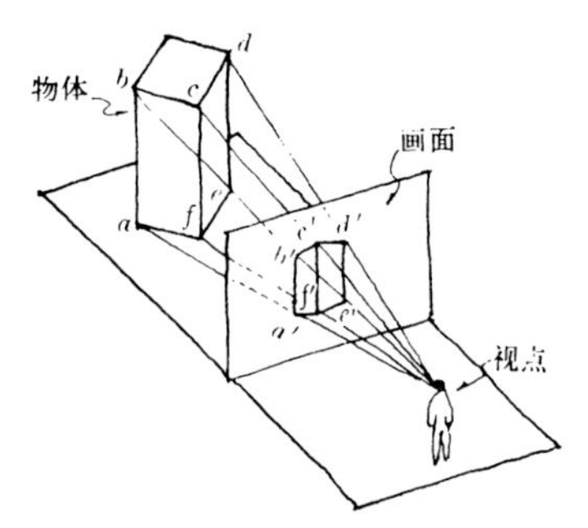

图 2-40 透视的投影示意图

二、透视图的分类

由于空间形态与画面间有相对位置的变化，其长宽高三组主要方向的轮廓线与画面可能平行，也可能不平行。与画面不平行的轮廓线，在透视图中就会形成灭点，而与画面平行的轮廓线，在透视图中则没有灭点。透视图一般根据画面上灭点的多少而分为一点透视、两点透视和三点透视。

一点透视

1. 一点透视

一点透视是指物体的两组线，一组平行于画面，另一组水平线垂直于画面，聚集于一个消失点，也称平行透视（图 2-41）。一点透视表现范围广，纵深感强，适用于横向场面宽广、能显示纵向深度的景观场景和建筑群，可以给人以稳定、庄严、开阔的视觉效果（图 2-42）。

2. 两点透视

两点透视是指物体有一组垂直线与画面平行，其他两组线均与画面成一定角度，而每组有一个消失点，共有两个消失点，也称成角透视（图 2-43）。两点透视图是较为常用的一种透视图，透视效果生动、真实、自然，立体感强，能比较充分地描绘空间（图 2-44）。

3. 三点透视

物体的三组线均与画面成某一角度，三组线消失于三个消失点，这样的透视图称为三点透视，也称斜角透视（图 2-45）。其常用于绘制鸟瞰透视图，具有视野开阔、空间表现力强、竖向高度感突出的特点（图 2-46）。

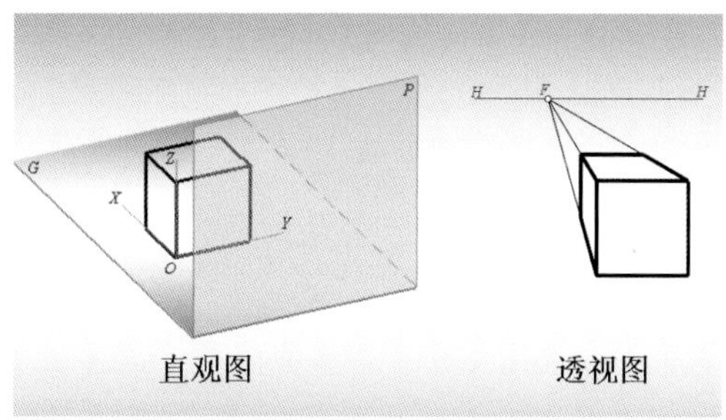

图 2-41　一点透视

图 2-42　景观一点透视图

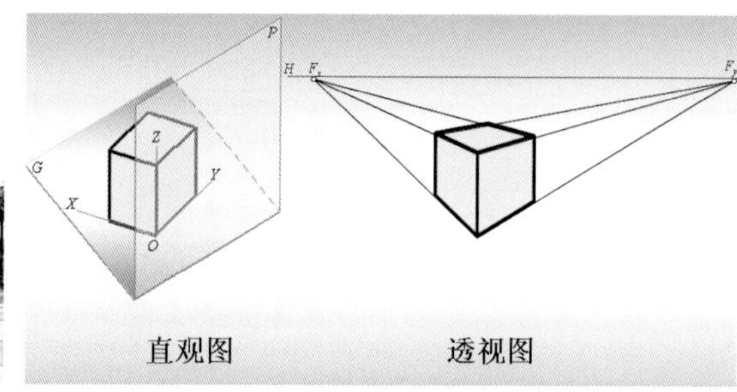

图 2-43　两点透视

图 2-44　景观两点透视图

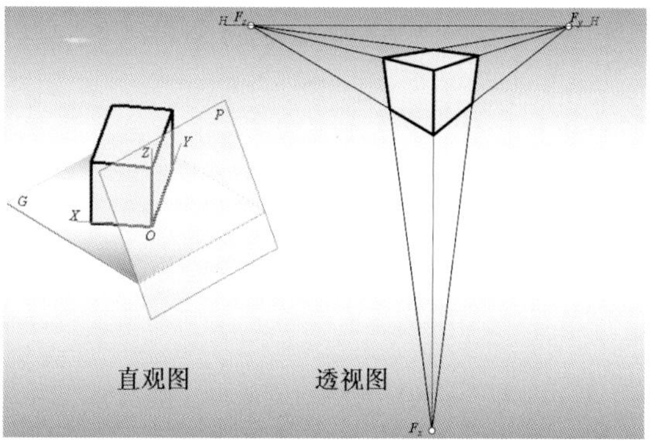

图 2-45　三点透视

图 2-46　景观三点透视图

本章小结

本章从表达的层面，系统地介绍了景观设计中常用的表达方法。介绍了比较规范的植被、铺装及水面的表达方式，为以后的景观知识学习做基础性准备，使学生在景观设计中能够灵活地进行设计理念的表达。

思考与实训

1. 分别列举三种植被、铺装、水面的表达方法。
2. 简述景观设计平面、立面、剖面包括哪些内容。
3. 用两点透视绘制一幅景观效果图。

CHAPTER THREE

第三章 景观空间设计

知识目标

认识景观空间要素及设计原则，在空间层面对景观设计形成认知。

能力目标

1. 认识景观空间设计的造型元素及其应用。
2. 掌握空间实体的操作和限定办法。
3. 了解景观空间要素及设计原则。

景观设计作为一种设计活动，广义上说是对人类生存环境的建设，狭义上讲是对户外环境的设计。好的景观设计是工程技术和艺术创造的完美结合，如何运用现有的科学技术手段营造高质量的生存环境是景观设计的核心问题。其实质是进行空间的营造，并直接决定环境质量的高低。

景观空间设计简单来说是对三维视觉空间的设计。人对环境的感受在很大程度上来源于静态视觉空间，但人在空间中是运动的，会从多个连续的视点观察景物，因此景观空间又具有连续性的特点。在进行景观空间设计时，除了要注意具有三维特点的场景外，更需要关注人在空间中运动时的空间序列展现，因为它可以为三维景观空间注入时间性。所以，对于景观空间的设计和其他类型的空间设计（比如建筑设计、室内设计等），不能像进行雕塑装置等艺术形式的创作一样只关注其本身的造型和意义，其魅力很大程度上体现在空间序列性的展现方面。

对景观空间的探讨是为了更好地进行设计分析，寻找适合环境的空间造型和操作方法，是景观设计过程中不可缺少的一部分。景观空间不能脱离各种要素而独立存在，它是通过地形、水体、植被等景观要素体现的。

第一节 造型元素

任何三维空间都可以归纳为空间点线面元素的构成。对于空间设计的分析也要从造型的基本元素开始，每一种造型元素都有其存在形式和特点；熟悉这些特点可以更好地进行点线面的空间组织，提高对空间形式美的规律的认识以及自身的审美水平。

空间的点线面是相对而言的，并没有特指性。点线面的相对关系只存在于某个固定的空间范围内；范围改变，点线面的相对关系也会变化。比如一个圆形小广场，它在较小的范围内属于“面”的范畴，但当扩展到一个更大的范围时，它可能就变成了“点”。也就是说，每一级别的空间类型都有其相对的点线面组合关系，但这些点线面可代表完全不同的空间元素。

空间可以抽象概括点线面的构成关系，但空间并不是由真正几何意义上的点线面构成的，而是由点线面所代表的空间要素构成的。对于点线面的分析更多的是从平面角度进行的。所以，对空间点线面的组合不能进行死板、僵化的理解和应用，否则将失去实际意义。

一、点

景观空间中没有绝对几何学意义上的点，点只是一种相对于线状空间和面状空间的称谓。景观中的点其实是点状的空间或形体，体积相对较小，无明显方向性。如广场上的灯具、雕塑、石块或者是面积较小的点状硬地都可以形成“点”。

单个的点有中心感、集中感；多个点规整组合，有强烈的秩序感、精密感；点的连续排列会产生线的痕迹，点的规则集合会产生面的感觉；多个点自由组合会有丰富、活泼、灵动之感，点的大小不同会产生深度感（图 3-1）。但要注意，组合不当的点可能会使画面显得混乱、零散。在景观空间中点的应用是不可缺少的，点的合理设置在景观空间中是至关重要的。恰当的点的形态能形成空间的视觉中心，增加空间的聚拢感，成为整个空间的点睛之笔，如广场中的雕塑（图 3-2）；也可以起到丰富空间视觉内容的作用，成为线和面的补充。这种点的形态的设定要和整个空间的功能吻合，不能单单从形式出发，过于随意地设置点的形态或空间而使其失去意义。另外，组合点的使用也是景观空间中常见的，可大体分为规则匀质排列和自由组合两种，和单个点不同的是它可以构成景观中的主体形态，具有强烈的韵律感和秩序感，对其合理应用能形成独具特色的景观造型，增强空间的可识别性（图 3-3 至图 3-7）。

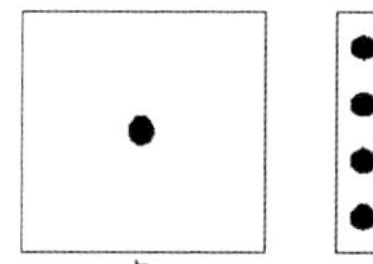

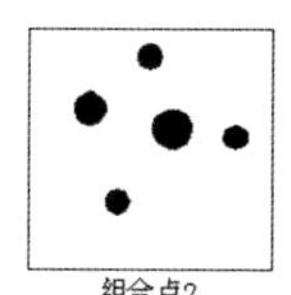

图 3-1　点的不同存在形式

图 3-2　广场雕塑

图 3-3　芝加哥某滨水绿地

图 3-4 水景构筑物造型

图 3-5 排列规整的树池造型

图 3-6 水景中的自然石块

图 3-7 景观设计中的点状步石

二、线

点的无间隙排列构成线。“线”是表达空间不可或缺的要素，在很大程度上影响空间视觉效果和人的心理感受。和点相比，线状形态具有更强的空间控制力，它可以用来联系、包围或交错各种形态，勾勒面的轮廓，表现面的表面。景观中的“线”空间可表现不同的特点，如宽窄、粗细、长短、曲直、软硬、虚实等，给人不同的心理感觉，表达不同的空间性格（图 3-8）。线按照线型可以分为直线（水平线、垂直线、斜线）、折线（锯齿状、直角状）、曲线（几何形：圆形、半圆形、椭圆形等；自由形：S 形、C 形、漩涡形等；偶然形）三大类。

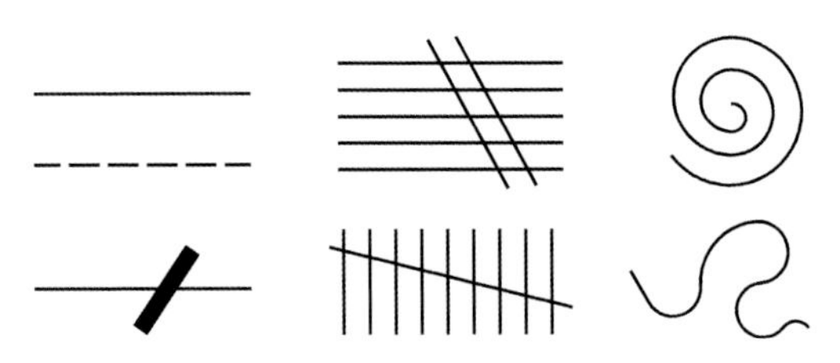

图 3-8 不同性格的线条

粗线有力，细线精密。直线具有强烈的导向性、简约性和力度美，单根直线能增加画面的方向性、轴线感，组合直线可给人以有秩序、精致的感觉（图 3-9），能起到形成整个图形骨架、统一画面的作用；其中垂直线有庄重、上升之感（图 3-10），水平线有静止、安宁之感（图 3-11），斜线有运动、速度之美（图 3-12）。曲线有流动、顺畅、柔美、自然之感，可以起到丰富、柔化、连接、统一画面的作用（图 3-13 和图 3-14）。

在景观空间设计中，表现为线形态的要素有很多，如道路、水系、绿化、石条、路缘石等。在进行景观空间设计时，要特别注意根据场所的功能特点和周围环境合理选择不同形式的“线”型加以表达。在很多情况下，各种线型是同时存在的，一个景观空间可归纳出水平线、垂直线、斜线和曲线等各类空间形态，其通过相互组合可构成一个有机整体；但一般来说，景观空间会以某一种线型为主，其他线型作为补充，这样比较符合统一与对比的关系原则。如在城市开放空间中，由于其

图 3-9 直线的排列

图 3-10 华盛顿纪念塔

图 3-11 景观中的绿篱

图 3-12 景观中的斜线交叉路

图 3-13 曲线台阶造型

图 3-14 某城市广场

人流大和城市化的特点，景观构成主要以人工元素为主，如各种广场、商业街等，其中自然元素的引入也会追求人工的痕迹，如在硬地上规整地设置树池用来栽植高大的乔木，把水体做成人工几何形态等，这些严整的人工处理景观更能够和城市景象取得统一，所以在这一类型空间中比较适合直线条的运用，曲线也多是有规则的几何形。而以休闲娱乐为主要目的的公园景观，人流密度相对较小，空间设计多追求自然，并模仿自然形态，曲线的线型表达更为适合，其中包括规则几何形的曲线和自由曲线，比较符合公园轻松、愉快的氛围。但不管在什么类型的空间设计中，对于空间线型的设计都是多元的、自由的。空间可以以某种线型为主，也可以多种线型并存。如在以直线条为主的广场上设置曲线的水域、点状式的植物搭配，都可以进行“线”型的综合应用。

三、面

面是点和线的集合体，有大小、形状之分。平面展开、面积较大的区域，会给人“面”的感觉，它受线的界定而呈现一定的形状（图 3-15）。

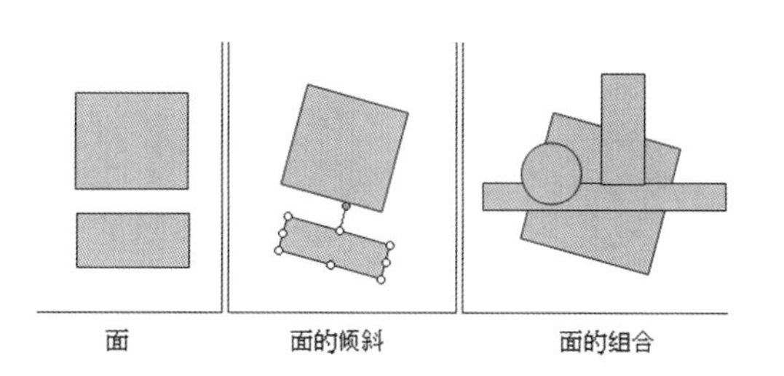

图 3-15 面的不同组合关系

面从形式上可分为几何形、有机形、偶然形等。几何形的面有直的、斜的、曲的、折的和凹凸的，也可以是直曲结合的；几何形的面给人理性、简洁、力度之美（图 3-16 和图 3-17）。有机形的面是没有规则的、非几何化的面，比如没有规则的直线面和自由曲线面等，形式更富流动性和变化（图 3-18）。大多数景观空间是几何形面和有机形面的结合，具有明显的秩序又富有变化。偶然形的面类似完全没有控制、自然形成的面。偶然形面没有秩序感，它能够反映自然不规则性和突发性的特点。

景观空间中的面又可归纳为两种状态，实面和虚面。实面是指有明确形状的、能实际看到的面；虚面是指不能清晰看到其轮廓，但可以被感觉到的，由点和线密集排列形成的面。

空间是由一系列的面组成的，面状空间简洁大气，整体感强。但是形状、大小相似的面与面结合，可能产生单调、空洞之感，所以需要通过与点和线的组合来丰富空间，也可以通过调整面的形状及大小改善空间视觉效果。如在公园设计中，如果园路将场地均匀地分割，在平面图上就会呈现很多相似的地块，这时的平面看上去是零散、无中心感的，此时就要根据功能流线调整路网结构，重新布置平面，使空间在满足功能布局的同时形成张弛有度的空间变化。

图 3-16 某城市街头绿地

图 3-17 日本某研发中心的庭院绿地

图 3-18 自由曲线面泳池

四、体

点、线、面的组合反映的只是一个平面内的形态关系，真正的空间是由立体形态构成的。体具有三个量度，是由各种面组成的。体的种类与面的种类相似，分为方体、多面体、曲面体、不规则体等，以及由这些形体组合而成的复合形体。

景观空间是由各种形体构成的。体的造型、尺度、比例、量感等对空间有着直接的影响。在进行空间设计时，对体的准确把握和塑造至关重要，它直接决定空间的视觉质量及人的心理感受。单从形体的尺度来说，巨大的体量给人以震撼、敬畏之感，较小的体量会给人以亲切和轻松的感受，使空间更加符合人的身心需求，让人有舒适感。空间由不同尺度的形体构成，各种体量的形体在景观空间中起着不同的作用（图 3-19）。

景观中的形体可以由建筑物、构筑物、地形、水体等元素组成，设计这些形体时通常是通过组合、连接、切割等手法使原来简单的几何形体变形，形成更丰富的形态。这些新的形态虽然保留着原来形体的一些特征，有一定的关联性，但其具体的形式已明显不同（图 3-20）。

图 3-19 广场中的景观构筑物

图 3-20 苏州金鸡湖景观中的构筑物

【作品欣赏】不同空间形态的景观设计

五、空间

景观设计是一门空间的艺术。各种形体共同组成景观空间形态，形体属于空间的范畴，它是空间的组成要素；但空间更为重要的是形体围合的虚的部分，它是人们活动的场地，是空间的精髓。如在地面上建造一栋建筑，建筑本身当然属于环境的一部分，建筑的实体，如墙体、窗户、门等构成主要的视觉内容，但这些实体围合的空的部分才是人们真正利用的空间，也就是室内空间。同样，建筑的外围场地形成了外部空间；当几栋建筑组合起来时，建筑围合出的空地以及建筑周围的场地区域感更加强烈。景观空间设计包括具体形态的设计，但容易被人们忽视的形态之外的空的部分同样是景观空间设计的主要内容。优质的形态造型设计可以增加空间的魅力和吸引力，成为环境中的景点；精心组织实体形态之外的空间层次将在整体上提升环境空间的质量（图 3-21 和图 3-22）。

图 3-21　某水景构筑物

形体是静态的造型，而空间是形体之间的相互关系，是动态的造型连续。芦原义信在他的《外部空间设计》中提道："空间基本上是由一个物体同感觉它的人之间产生的相互关系形成的。"这里对空间的解释包含两方面因素，一是物质实体，一是人。环境中的人在空间中运动，在连续的位移转换中形成对整个空间的印象（图 3-23）；因此景观空间设计不能仅停留在形态或是设计单个空间的层面，而连续的空间变化更是设计应考虑的重点（图 3-24）。

图 3-22　北京皇城根遗址公园雕塑

图 3-23　北京明长城遗址公园的曲线园路

图 3-24　北京马甸公园的空间营造

点线面是景观设计的造型元素，而营造空间才是景观设计的最终目的。在具体的设计过程中，景观平面图主要体现空间的整体布局，它表现为各种点线面的组合关系，对整体景观空间的营造起着决定性作用。但平面上相对完美的景观设计，并不一定代表立体的景观效果也一定完美，将平面的图形关系变为立体空间关系不应只是对原来平面图形的简单拉伸、提高，而应该是一种空间的整体性策划，应与平面图形同时考虑。

同一场地可以营造不同类型的景观空间，景观空间设计没有固定性和唯一性，空间的解决方案可以是多样的。这种不确定性要求人们在设计时反复推敲比较方案，然后再确定最佳方案。首先要考虑的是空间的合理性。合理性体现在很多方面，如要考虑周边环境的要求，空间造型要满足功能和人的动线需要，并符合相关技术规范和要求等。另外，要考虑空间的视觉美观要求。景观设计在某种意义上也属于视觉空间设计的范畴，设计优质的视觉空间非常重要。在营造安全舒适生活空间的同时，还要提高环境的视觉质量。

第二节　景观空间的操作和限定

在景观空间设计中，空间的塑造至关重要。对于常用的空间手法可以归纳总结，以对具体的设计活动进行比较明确的方法性指导。但应意识到空间不是独立存在的，它是各种景观元素的集合，也包括文化领域的内容，所以营造空间需要多方面的统筹，有理性的分析推理也有感性的灵感创作。对于景观空间设计手法的归纳只是就形体论形体、就空间论空间，在设计中应根据实际情况灵活运用。

一、空间的常用操作手法

1. 实体空间的加法和减法

这里所说的空间加减法是一种狭义上的归纳，是相对而言的。

空间中的点线面组织并不是点线面本身的简单相加，而是通过精心的组合、变形等加工手法，使各种形体成为设计中视觉质量更高的形态变体。在进行景观空间设计时，对形态的操作也不是简单的形体罗列，而更多的是运用形态的变体，简单来说可分成加法转换和减法转换（图 3-25）。加法转换是通过增加形态元素到一定空间内，或者是几个简单形体相加，从而得到各种规则或不规则的空间复合体（图 3-26），是一种增加或者叠加。减法转换是对相对简单的形体进行切割和划分，比如一种形态与另一种形态相减，得到一种相对复杂的变形体（图 3-27）。在实际的设计中，增加或者相加手法通常用得比较多，设计在更多的时候是根据需要在环境中增加形态，但是这种加法并不是简单的罗列，而是需要考虑很多方面的内容，如在考虑景观设计形式美的同时，将功能交通需要等内容与美学紧密联系，就能创造更加适应人的使用需求的景观现境。减法转换在景观设计中也是必不可少的，相对来说，它对形体的操作更为隐晦，一味地增加元素可能会使空间过于直白、简单，适当地运用减法转换可以使整体空间更富于变化和控制力，合理地使用减法转换在景观空间设计中至关重要。在很多情况下，图形追求整体性，通过减法减去一部分后，图形在整体上仍能保持视觉的连续感，不会使整个画面散掉。加、减法的转换得到的形态可以维持原型的基本特征，也可以转化成其他的形态，并且可以针对平面图形或立体形态进行加法、减法的转化。

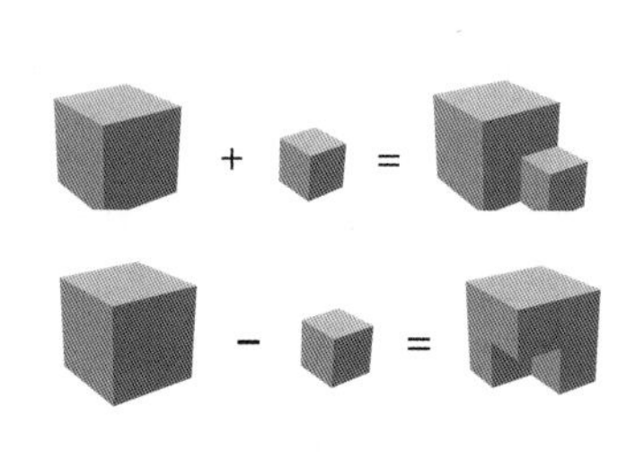

图 3-25 实体的加法和减法示意图

图 3-26 某城市广场的水景构成是不同形态的叠加

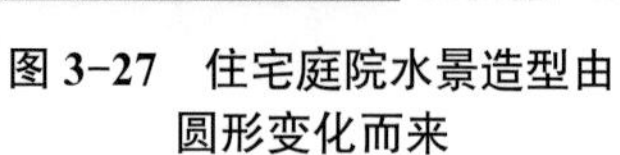

图 3-27 住宅庭院水景造型由圆形变化而来

2. 空间的变异

优质的空间形态需要秩序，不具形式、毫无秩序的作品不能算是好作品。但任何空间形态都具有相当程度的复杂性，不可能有所谓的“绝对秩序”。空间常处于存在秩序和混乱之间，如何处理它们之间的关系，使空间既有秩序感和美感又不显刻板且富有变化，是景观空间设计中必须解决的问题。

变异也可以用变化、变形、异常、冲突等词汇解释。变异是相对于原来秩序的明显变化，具有相对独立性，与周围环境具有显著的对比效果（图 3-28）。一种形态在秩序中发生变异，也就是不服从于

图 3-28 水景造型

原来的秩序约束，就会与整体的和谐秩序产生冲突，影响整个空间的格局。过于协调的秩序会令人感到乏味无趣，利用形态的变异，可以很好地丰富空间的视觉效果（图 3-29）。变异形态通常在空间中只占有较小的比重，过多的冲突因素会使空间陷入混乱，变得杂乱无章，所以对于空间形态秩序与冲突的把握至关重要，这也是空间形式设计的关键。

空间中的变异可通过不同的形式呈现，常见的有倾斜、扭曲、破碎等。倾斜手法在空间设计中应用最为广泛，通过倾斜的形态可以使整体格局产生力的对抗，打破原来平衡的格局，丰富过于均质的画面效果（图 3-30 和图 3-31）。

图 3-29　广场地面铺装的变化

图 3-30　倾斜的道路

图 3-31　倾斜的道路向上延伸

3. 轴线

空间需要秩序美，轴线是对空间秩序的控制，它经常在景观空间中起主导作用，对周围的形态有着很强的制约作用。轴线主要指在景观空间中对周围环境有较强约束力的线型空间。轴线两侧多是对称格局的空间（图 3-32），但现在的景观轴线范畴越来越宽泛，道路、构筑物、水体、植被等景观元素都可以构成景观轴线。轴线可以是实体也可以是虚体，比如景观中一条笔直的道路以及道路两侧的绿化就可以构成一个实在的轴线（图 3-33）；有时轴线并不明确，而是通过两侧较为对称的景物形成的轴线感觉（图 3-34 和图 3-35），可以理解为虚体轴线。

图 3-32　卢浮宫花园的对称轴线关系图

图 3-33　某公园的道路轴线

图 3-34　对称格局的广场空间

图 3-35　对称格局的绿地空间

景观轴线的运用可以使空间具有强烈的秩序美感，这也是轴线得以广泛应用的主要原因。但是过于生硬和不切实际的轴线应用，可能会导致整个空间的单调、无趣、缺乏变化，甚至破坏整个空间的尺度效果。轴线作为一种常用的空间手法，和其他手法一样，不能盲目地运用到任何场所，要根据具体的空间性质等因素合理运用。轴线可以增加空间的力度感和凝聚力，但有时也要减轻轴线过于直率、武断的空间效果，或使用各种手法削弱硬轴线的感觉。例如打断形成轴线感觉的形态，减小其体量感；在轴线上增加景观节点或者其他元素，使轴线隐匿于空间之中；减弱轴线两侧过于对称的格局等。

4. 辐射

辐射多指以一种形体为中心，在其周围以某种规律重复使用与其相同或相似的形态。这种手法可以增加整个环境的凝聚力及空间的秩序感（图 3-36）。除此之外，合理运用这种手法，能够增加空间的韵律美（图 3-37），增强空间的可识别性。辐射手法可具体表现为道路的辐射、构筑物的辐射、铺装的辐射等（图 3-38 和图 3-39）。辐射手法很灵活，可以完全出于形式的需要，用以丰富、协调空间；也可以附着功能意义，如在圆形硬地广场周围以同心圆的形式辐射出次级道路。

5. 拼贴

拼贴是指一种形态直接叠加到另一种形态上，两种形态在肌理、材质、色彩等方面都不相同，并且叠加部分保持其中一种形态的特征并且不发生变化。拼贴手法可以形成简洁、大气的空间效果，并且能够增加空间的生动感，如两种不同形状、不同尺度和纹理的地面铺装材质衔接时，其中小尺度的铺装直接叠加到另一种大尺度的铺装上面，就会产生明显的拼贴效果（图 3-40）。当然拼贴手法的表现形式有很多种，除了最常见的地面铺装的拼贴外，硬地和草地也可以产生拼贴效果（图 3-41）。

6. 介入

介入是指一种形态或材质楔入另一种形态或材质中，两种形态存在明显的穿插关系。此种手法可使空间具有良好的整体性，并且使画面生动而富有变化（图 3-42 和图 3-43）。

图 3-36　城市花园的辐射状道路

图 3-37　辐射状山地景观

图 3-38　公园中辐射状的景观

图 3-39　辐射状水景

图 3-40　地面铺装的拼贴效果图

图 3-41　楼间小绿地的拼贴效果

图 3-42　坡形草地中矮墙的介入

图 3-43　铺装中草地的介入

在景观空间设计中介入手法应用广泛，它可以形成独特的视觉效果，增加形体的相互关联性和空间的趣味性。在处理形态和形态衔接时，两种大尺度元素相邻可能会产生单调感，为了丰富其衔接效果并使其形态取得协调，常用第三种形态穿插其中，用来打破过于单调的衔接界线，丰富空间效果（图 3-44 和图 3-45）。

图 3-44　水池和硬铺装间介入石条

图 3-45　庭院景观中的介入效果

二、空间的限定手法

在进行景观空间设计时，要对空间进行整体布局，营造丰富舒适的空间环境，这就需要考虑景观中的各种要素，如当前环境、地形以及环境中的人等。景观空间由于功能的要求而需要进行空间的限定，这也迎合了人们偏爱复杂空间的心理需求。设计师可通过各种限定手法营造丰富多彩的空间序列及空间层次。空间限定就是指使用各种造型手段在初始空间中进行划分的过程。

空间的限定手法很多，主要包括围合、覆盖、抬高和下沉等。

1. 围合

围合就是通过包围的手法限定空间，中间被围起的空间是人们使用的主要空间。事实上，由于包围要素不同，内部空间的状态也有很大不同，而且内外之间的关系也将大受影响。如用墙体对空间进行围合，就形成了内和外的空间关系；如果是通透性的包围，空间的内与外就变得模糊了。另外，不同的围合要素会形成完全不同的包围感受，如墙体围合和植物围合。围合这种限定手法虽然简单，但是运用极为广泛。

围合作为限定空间的主要手段，可以分为实体围合和植物围合，这主要根据不同的围合要素划分。围合手法用于垂直向的限定，通过各种景观元素比如构筑物、隔墙、地形等介入空间，对人的流线及视线进行一定的阻隔，从而形成对空间的限定。

（1）实体围合。实体围合是指用人工景观元素完成的限定，是相对于植被这种柔性元素来说的。比如常用的实体围合手法有用微地形来阻隔视线、用矮墙界定两个空间等。实体围合根据围合的具体形式，又表现出不同的空间性格（图 3-46）。以实墙为例来说，实墙的密实程度决定了空间的开敞程度，密实的围合形成安静私密的小空间。随着墙体的减少，围合程度也越来越弱，空间的渗透性越来

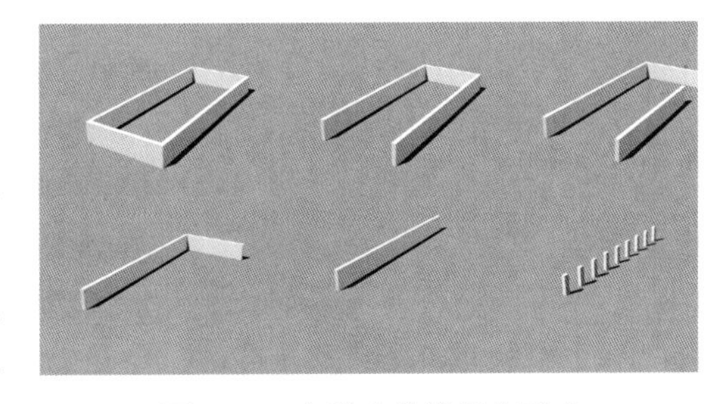

图 3-46　各种实体的界定形式

越强，当只留有少量的短墙时，空间已经没有太多的围合感受，而变成对空间的占据。

在空间设计中，除了包围程度不同外，围合还表现出各种形式，如面面之间的围合、线面之间的围合、线的围合等（图 3-47 至图 3-50）。面与面的围合是包围感最强的，它运用在限定需要较强的空间；线的围合是包围感最弱的，但有着良好的视觉连续性，连续的行道树就是最常见的线的围合。另外，用来围合的形态的高度对于空间感受的影响也是至关重要的。比如越矮的墙体包围感越差、开敞性越好，越高的墙体封闭性越强。在进行景观空间设计时，要根据实际情况合理地运用各种实体围合手法，力求营造丰富细腻的空间环境（图 3-51）。

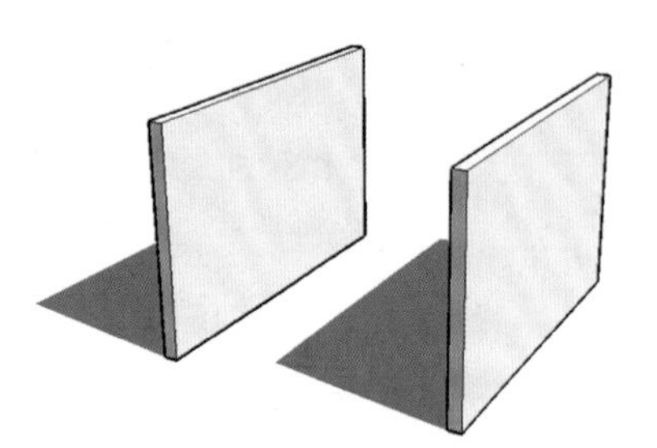

图 3-47 面面围合

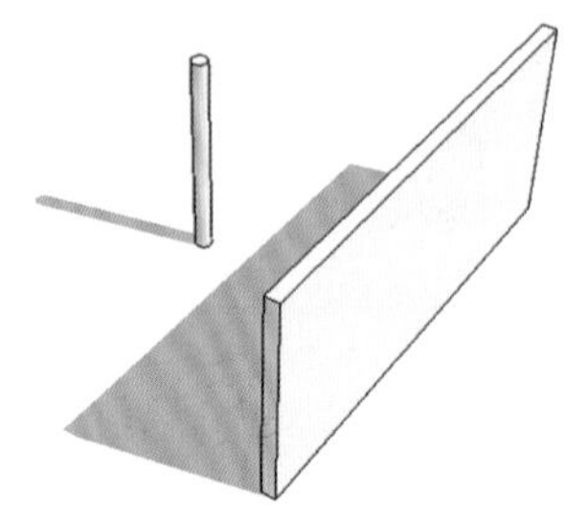

图 3-48 线面围合

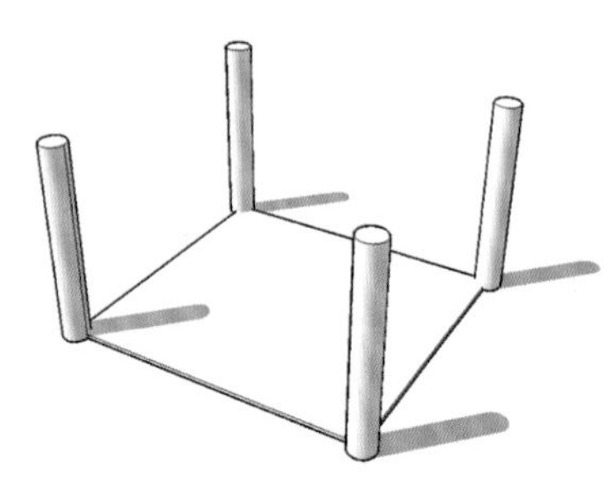

图 3-49 线的围合

图 3-50 用柱子进行线性围合

图 3-51 珀欣广场中的实体围合

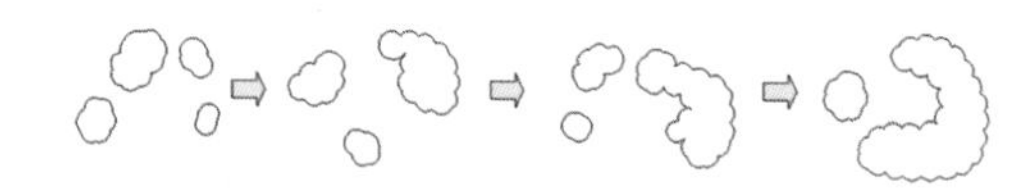

图 3-52 不同开敞程度的植物围合

图 3-53 植物的围合

（2）植物围合。植物是景观设计中非常重要的元素之一，它除了具有生态作用之外，还具有很强的空间美学方面的功能。在景观空间设计中，人们关注更多的是植物本身的形态、体量和色彩，以及植物和景观中其他要素的搭配形式。但植物对于营造空间的作用远不止于此，植物之间以及不同植物之间的空间组织对于整体景观空间的影响巨大。所以在营造空间时，除了注意植物本身的特征外，还要关注植物间的空间组织。

在植物围合中，高大的树木对空间的影响比较明显。按照树木的不同特征，有些树木适合孤植（单独种植），有些树木适合群植（规模种植）。孤植的树木占据空间，对周围产生一定的影响。群植的树木就要更多地关注树木之间的组合关系，树木稀疏组合，空间的围合感差，视线通透；树木密集组合，对空间的围合感就强，视线较为封闭（图 3-52 和图 5-53）。

在景观空间设计中，用植物围合空间较常用，手法也很灵活。它没有实体围合界面那样的力度感，但通透而充满活力。如在空旷草地的远端可以设置密实的树木群，形成视觉屏障，增加空间的聚拢感（图 3-54）。除了可以对场地进行视线遮挡外，也可以辅助性地进行空间功能的划分，营造安静舒适的小环境（图 3-55）。

2. 覆盖

覆盖是指利用上部的遮蔽限定空间。如在下雨天，在雨中撑起一把伞，伞下就形成了一个不同于周围的小空间，这个空间四周是开敞的，上部由构件限定。景观中的覆盖面界定空间多出现在一些景观构筑物中。这些景观构筑物除了起到覆盖限定的作用外，还时常具有实际的使用功能，如遮阳避雨的作用（图 3-56 和图 3-57）。上部的限定要素可能是由下部构件支撑的，也可能是从上面进行悬吊的。覆盖手法相对于围合手法而言表现形式较为固定，但具体形态多种多样，在设计时要根据空间的特点灵活运用，并且与实际功能结合，使覆盖形式更有意义。

3. 抬高和下沉

抬高和下沉是营造景观空间常用的手法，其根据空间功能的布局对局部场地进行抬高或下沉，以此强化空间格局，并能取得丰富的视觉效果。虽然适当合理的抬高和下沉可以丰富空间层次，增加空间的魅力，但空间不能存在过多的高差变化，否则会显得繁杂恼人。

对于场地的抬高或下沉要顺应和利用原来的场地地形，不能完全不顾地形的限制而任意设置。不合理的高差变化可能会大大增加工程量和工程造价。在设计时，首先要调查场地的地形地貌，然后再充分考虑场地的功能布局，以充分尊重现状的原则对空间进行设计。

抬高和下沉给人的心理感受是不同的，在设计中要做具体分析。抬高地形可以强化某一区域的重要性，给人以正面、高耸的感觉。在具体设计中，核心功能的地块可以进行局部抬高，表明其空间的重要性，同时有利于形成空间的视觉中心（图 3-58），而对于其具体的抬起高度，要根据整体空间需要和地形的限制确定。下沉是相对于周围地面的降低，下沉空间给人以安静、幽闭的心理感受，这种感受会随着下沉深度的增大而增强。在空间设计中经常利用下沉区分空间，把空间从周围相对嘈杂的环境中隔离出来，营造安静的小环境。下沉幅度也要考虑地形和空间的特点，可以是小幅度的局部下沉，这种下沉可能只有几个台阶的深度，主要以营造相对独立的小环境为目的（图 3-59）；下沉也可以是和地下空间结合，形成较大尺度的下沉广场，下沉广场除了区分空间外，还有联系交通的作用。把地上和地下空间组成一个整体，空间下沉才更有意义，而非只是一种空间形式（图 3-60）。

在进行景观空间设计时也可以把地形适当抬高，做成微地形，以组织流线并形成一定的视线阻隔，从而丰富整体空间（图 3-61 和图 3-62）。

图 3-54　纽约中央公园中的植物围合

图 3-55　植物围合的安静的小环境

图 3-56　拉・维莱特公园的构筑物

图 3-57　景观廊架

图 3-58 抬高的广场空间

图 3-59 广场下沉小空间

图 3-60 西安钟鼓楼下沉广场

图 3-61 微地形所形成的丰富效果

图 3-62 局部地形的抬高呈波浪形

抬高或者下沉，会带来高差上的变化，形成视觉上的丰富感，但也需要处理好垂直向的交通问题，这主要通过设置台阶和坡道解决。

台阶是设置于不同高差地面之间的踏步组合及平台。坡道是指连续的带有一定坡度的斜面，用来代替台阶形成无障碍通道。台阶分为踏面和踢面（图 3-63），设计时要注意尺寸，台阶踏面一般应大于 300 mm，踢面不大于 150 mm。踏面面层还要注意做防滑处理。台阶的数量一般情况下控制在 3 级至 18 级，因为如果设置台阶的地方不足 3 步台阶，那么用坡道就可以解决高差问题；如果台阶超过 18 级，人的心理和身体都会产生疲劳感，应该增设休息平台，来缓解疲劳（图 3-64）。另外有些台阶两侧或中间还会设置扶手栏杆，以提供安全保障。为了避免空间中大型台阶的单调和生硬，很多时候台阶可以和绿化、水体等景观元素结合起来设计。如在确保交通便捷的前提下，在台阶中间设置树池或者灌木池来丰富和柔化台阶的视觉效果（图 3-65 和图 3-66）；或者使台阶和跌水造型结合，在台阶两侧设置跌水池，当人流穿过台阶时能同时欣赏潺潺跌水（图 3-67），这种手法可以使台阶从一个单纯的交通联系过道变成有着良好视觉层次的交流空间。

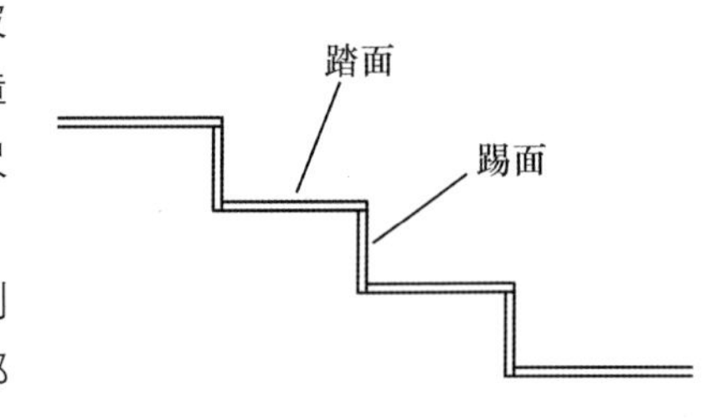

图 3-63 台阶面的构成

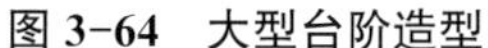

图 3-64　大型台阶造型

图 3-65　台阶和绿化结合设置

图 3-66　台阶和花池结合

图 3-67　台阶和跌水结合设置

景观空间设计中的台阶设计要结合场地的功能分区合理地组织交通，还要充分适应自然地形条件，顺应自然地形设置高差变化和台阶，这样也有利于减少土方量和基础工程量。在设置台阶时，应遵照台阶的常规尺寸，台阶的数量要适当。

坡道主要用来解决环境中无障碍通道的问题（图 3-68 和图 3-69）。坡道的设计主要应考虑坡度问题，要符合合理的坡度设置。对于同时设置台阶的坡道，坡度一般不大于 1/12，每段坡道最大高度为 750 mm；对于只设坡道的，坡度一般不大于 1/20，每段坡道的最大高度为 1 500 mm。另外坡道的宽度也有要求，室外的坡道宽度一般不小于 1 500 mm，在有台阶的地方或者是空间紧张的地段可以设置为 1 200 mm。坡道过长时和坡道转折处要设置平台，平台宽度应不小于 1 500 mm。坡道的两侧要设置扶手，并且坡面要注意做防滑处理，坡度越大对防滑的要求越高。

图 3-68　景观中的坡道

4. 材质的变化

材质变化是指通过地面的材质的不同区分不同的空间。相对而言，变化地面材质对于空间的限定强度不如前几种，但是运用极为广泛。比如通过铺装的形式及色彩的变化，可以对平面空间进行一定程度的划分，并且能强调空间的重点（图 3-70）。另外，地面铺装和草地的设置也是一种对空间的限定，地面铺装用来供人行走，而草地则限定了人的活动范围（图 3-71）。

材质的限定更多的是一种平面上的限定，相对于前面的各种限定手法，它不占据过多空间，主要是人们通过地面材质的变化而在内心虚拟出的空间区分，是一种相对含蓄的限定。前面的围合、覆盖、抬高和下沉手法可以形成整个空间的大的层次结构，当这些手法不能使用过多或者受到限制时，材质变化就可以进行有益的补充，使空间细节更丰富并富有层次感（图 3-72）。

图 3-69　坡道和台阶结合设置

图 3-70　道路景观中的铺装变化

图 3-71　草地和硬铺的组合变化

图 3-72　石子与石材的组合变化

第三节 景观空间要素及设计原则

一、景观空间要素

1. 空间尺度

人对空间的尺度印象主要由人的眼睛所见获得，以身体器官对空间的感觉作为基准。空间尺度决定了人对空间的心理感受，因此在进行空间设计时要考虑尺度问题。尺度问题不但包括物体本身形态的大小，也包括形态与形态的尺度关系，这些尺度的衡量标准都是以人体的尺度为基础的。

前面对于空间限定和操作的各种方法进行了阐述，要把这些方法运用到景观空间设计中，还要注意很多方面的因素。除了形态上的考虑外，还有更重要的方面需要考虑空间的尺度关系。

景观空间营造是一种有限制的空间构成。如何设计舒适的环境空间，尺度非常重要，景观中的尺度也是以人的舒适为原则，以人体尺度为基础的。其主要包括两个方面：一是环境中形态与形态的尺度关系。空间是由各种各样的形态要素组成的，各种形态要素相互关联、相互影响，使众多元素有机统一、和谐共处至关重要，其中尺度的协调是关键。设计时，既要让大的空间格局丰富且有层次，也要避免空间尺度过于宏大而缺少亲切感和细节，这就要处理好大尺度形态和小尺度形态的对比关系（图 3-73）。过多的宏大尺度会使空间缺少人情味和吸引力，需要用较小尺度的景物过渡，拉近大尺度景观和人的尺度差距（图 3-74 和图 3-75）；过多的小尺度容易让空间显得零散混乱，需要用一些较大尺度的形态控制整体格局。二是环境与人的尺度关系。环境中形态之间的关系固然重要，但环境是为人提供生活和生产需要的空间，其使用者是人，所以其所有评价尺度的标准都出自人自身的尺度，它是评价一个空间尺度成功与否的关键。人体本身有各种尺度，比如人的身高、坐高、肩宽等，这些人体尺度都在一定程度上决定着景观中各种要素的尺度，所以设计时必须对人体尺度及人体活动的常规尺度有所了解。另外，景观中景物形态的尺度和人的观察距离有着密切的关系。有些景物是用来远观的，人不能接近；有些景物是近赏的，人可以直接触摸，在设计中它们的尺度设置也应有所区别。

图 3-73 广场中不同尺度形体的组合

图 3-74 以景观设施缓解空间尺度

图 3-75 以景观雕塑缓解空间尺度

2. 质感

一般来说，质感是特有的色彩、光泽、表面形态、纹理、透明度等多种因素综合表现的结果。景观空间的质感和材料有直接关系，或光亮或暗淡或平滑或粗糙。空间设计最终还是要通过各种材料表现出来，所以对材料的选择很重要，它在很大程度上决定了人对空间的感受（图 3-76）。

质感和观察距离也有很大关系，在预先了解从什么距离可以看清材料后，才能选择适合各种不同距离的材质和肌理。比如一块大面积的地面铺装，要考虑不同距离的观赏肌理。在较远距离时它会呈现一种大尺度的网格秩序，而当人们走近时，原来的那种大的秩序肌理会减弱，而呈现更加细密的纹理。所以景观空间在不同的距离范围内都应有相应尺度的质感表现（图 3-77）。

图 3-76　鹅卵石铺砌的肌理效果

图 3-77　景观的地面铺装效果

二、景观空间设计的原则

景观空间并不是独立存在的，它由景观要素构成，并受诸多非物质因素的影响而使其附着很多其他的意义。所以不能将空间设计仅仅理解成造型设计，在设计中应综合考虑，使各种因素有机统一，协调发展，一味地追求造型和形式感是有悖于空间设计初衷的。空间设计的原则可归纳为以下几点：

1. 从功能要求出发，注意空间的适宜性

景观空间按功能类型不同可分为公园类、广场类、庭院类等，每一种类型的景观空间特点是不同的，这完全是功能需求不同所致。比如公园是人们休闲娱乐的地方，所以空间要给人以轻松、自然的感觉，因此公园中的线型以曲线为主，绿地较多（图 3-78）；而广场一般是人们进行政治、经济、文化等社会活动或交通活动的空间，通常是大量人流、车流集散的场所，所以广场类型的空间中几何线型较多，硬铺地较多（图 3-79）。所以在进行景观空间设计时，首先要考虑空间功能的特点，创造适合的空间类型。

图 3-78　北京明长城遗址公园

图 3-79　威尼斯圣马可广场

2. 注意空间整体感的塑造

该原则即充分考虑周围的环境因素，通过空间设计调整改善整体环境的关系。场地周围的环境对景观形态的影响巨大，所以应主要考虑周边环境的用地性质、环境形态以及人流状况等，要充分分析现状，才有可能做出合理的设计。如在进行城市广场设计时，如果广场周围是居住区，就要考虑场地出入口和居住区出入口的位置关系，方便居民出入；如果周围是商业区，沿商业区的场地一侧就要设计足够开阔的硬地空间以满足大量人流的汇集和疏散。

另外，还要充分分析场地周围环境的优势和劣势，尽量挖掘空间的内在优势并充分利用；而对于不利的环境因素，要通过各种空间手法予以改善。如果场地临水，就要充分利用水体营造空间；而如果场地旁边有城市立交桥通过，会给场地带来视觉和听觉上的干扰，属于不利的环境因素，需要通过一定的空间手法协调，在设计时可以利用高大密实的树群进行视觉的遮挡和噪声的隔离。

3. 对原地形结构要给予充分的尊重和利用

空间设计要因地制宜，要针对不同的环境地形进行不同的空间设计，不能一概而论。不同的地形地貌意味着不同的处理手法，也会产生不同的空间类型。如地势平坦的场地和高差变化较大的场地营造的景观空间类型会很不一样。平坦的场地可以做出一些高差的变化，也可利用空间手法做出一定的视线遮挡丰富整个环境；而高差变化较大的场地，就要充分利用地形的变化营造有特点的空间。地形地貌同样会影响整个场地的流线布局，进而影响场地的道路设置。因此在进行设计之前，首先要充分了解场地地形地貌，可以通过图纸和实地调查获得最准确的现状资料，然后再根据实际情况进行有针对性的设计（图 3-80）。

4. 充分考虑人的行为心理

景观空间设计最终会为人所用，所以设计时要充分分析人在环境中的各种心理需求，它是景观设计确定功能布局和动线的根据。环境中的人需要不同的空间类型，如环境中需要开敞的大空间，以便于人流聚集；也需要相对私密的安静空间，用来满足小部分人的交流之需。所以空间形态需要开放空间和私密空间结合，满足人对不同空间的需求，使环境中的人总能找到合适的空间类型（图 3-81）。

另外，景观设计还要注意空间的多样性和可选择性。人在环境中需要自由感，更需要景物的丰富感，所以空间必须是多样的、充满变化的，如此环境中的人才能有更多的选择余地。如环境中应有足够的道路方便人们行走，不至于使空间显得单调乏味（图 3-82）。现代景观空间的功能也越来越多元化，如商业广场可能兼有商业、娱乐、休闲的作用，让人们在同一环境中得到各个方面的满足。

图 3-80　大型跌水景观

图 3-81　西安大雁塔广场中的安静小环境

图 3-82　利用地形和植被营造丰富的园路形态

5. 努力营造步移景异的空间序列，突出序列中的重点

人在环境中连续运动会形成对整个空间的印象。空间要给人以美感和吸引力，必须考虑空间的

序列组成。景观空间应该由一系列不同类型的小空间构成，这种构成关系可使人在连续运动中产生步移景异的感受，并且空间序列要突出重点，设置各种空间节点，以增强空间的节奏感，使空间富于变化。

6. 充分考虑社会、文化、经济等因素

景观设计是各种因素的综合，要权衡利弊，取得各个方面的最佳综合、最佳平衡。由于在技术、材料以及设计手法等方面的雷同，现代景观空间在形态上越来越趋同化，出现了“千园一面”的景象，使景观丧失了地域特色。营造有地域特色的景观对于保持生存空间的多样性是很重要的，这就需要考虑空间之外的其他因素，如地域文化、民俗特色以及当地的经济条件等，并在空间中体现和表达这种地域特色，以促进景观的差异性发展。

本章小结

景观设计中，空间设计的造型元素和空间限定等内容是形成设计理念的基础，本章内容旨在培养学生对空间的理解，以及对空间整合和塑造的能力，使学生熟悉景观设计的理论知识，掌握设计的原则。

思考与实训

1. 景观空间设计的造型元素有哪些?
2. 景观空间实体的操作和限定手法有哪些?
3. 以熟悉的景观实例为例，浅淡景观空间的设计原则是什么。

CHAPTER FOUR

第四章 景观设计的要素

知识目标

系统地学习景观设计中的要素，掌握景观设计的方法，能够灵活地应用地形地貌、植被、水体、地面铺装等进行综合性景观空间设计。

能力目标

1. 掌握景观设计要素的设计方法。
2. 系统地认识景观空间设计认识。

景观空间是通过景观要素体现的，如地形、水体、植被等。从更宏观的角度看，人是景观设计中的第一要素，景观设计的目的是为人所用，以营造和寻找更适合人类生存的环境，如果不考虑人的因素，设计就没有任何意义了。

人类的存在有两重属性，即自然属性和社会属性。自然属性是指人有衣、食、住、行等方面的需要；社会属性是指人有工作交往、情感交流、自我实现的需求，这些需求对景观设计有很大的影响，并在景观空间中留下深刻烙印，我们可以将其归纳为物质空间和精神空间，景观设计是追求物质空间和精神空间统一的过程。

本章只对物质空间形态进行探讨。景观设计物质层面的要素包括地形地貌、植被、水体、地面铺装、道路、公共设施等。

第一节 地形地貌

地形地貌是景观设计需要认知的最基本的场地特征。这里谈的地形是指地势高低起伏的变化，即地表形态（图 4-1），是由岩石、地貌、气候、水文、动植物等各要素相互作用形成的自然综合体，其坡度或平缓或陡峭。在人工景观中，地形一般表现为不同标高的地坪高差；在自然景观中，地形地貌较为复杂，主要表现为平原、丘陵、山峰、盆地等。

地形地貌对于景观设计的影响巨大，不同的地貌特征会产生不同的景观类型，对场地的功能布局、道路的走向和线型、各种工程的建设以及建筑的组合布局与形态等都有一定的影响。在景观空间设计时首先要分析地形地貌。

（a）自然地形地貌

（b）测绘图的表达

图 4-1　自然地形地貌与地形图

一、常见的地形

如果较为宏观地划分地形的类别，其大体可分为山地、丘陵与平地三大类。如果从较为微观的角度分，其可细化为山谷、山坡、沟壑、河谷、盆地等。不同的地形有着不同的地貌特征，这些对于景观视线、空间塑造和微气候的形成都至关重要。场地可能以某种地形为主，也可能是多种地形的组合。所以要了解各种不同的地形，才能掌握其设计特点。

1. 平地

平地是相对平坦的地貌，平坦并不一定是绝对水平，而是地形起伏较缓，让人感觉地面开放空旷，无遮挡（图 4-2）。这样的地形限制较少，设计时对空间的操作较灵活。

由于地形平坦，无明显起伏，所以在对此类空间进行设计时要避免过于单调而直白的空间设计，运用空间手法丰富层次，如可以适当降低或者抬高地平面，划分不同的空间平台；也可以增加构筑物等垂直向的空间要素遮挡视线，增加空间的视觉变化。但要注意根据地形的具体情况合理适度地进行地形改造，不能不考虑工程量、工程投资以及生态等问题进行盲目的建设。另外，还要根据不同的场地使用性质塑造不同的平地景观，有些平地景观需要开敞、空旷，而有些则需要通过适当增加层次以增加空间吸引力。

2. 丘陵

丘陵是由高低起伏、坡度较缓、连绵不断的低矮山丘组成的地形（图 4-3）。相对于平地而言，丘陵具有较为明显的视觉特征。

由于丘陵地形本身具有一定的地形高差变化，所以在进行空间设计时要充分考虑这种地形特点，借势造势。平地景观设计大多数情况下是在增加层次，而丘陵景观设计除了增加层次以外，很多时候是需要减少内容的，因为过于复杂的空间会使空间失去特点和可识别性，所以要有所取舍。

丘陵意味着更多的缓坡，所以在设计中要充分利用缓坡来营造空间特色。缓坡也意味着道路和建筑形态的变化，道路设置虽然不及山地景观设计要求那么严格，但在设计时也要注意道路的坡度问题，符合道路设计标准；而建筑在其中要和地形结合，力求创造具有地域特点的空间环境。

3. 山地

山地是地表形态的高程和起伏较大的一种地形（图 4-4）。在设计山地道路时要顺应地形等高线布置。如果道路相交或者垂直于等高线的方向，则会大大增加道路的坡度，不能满足道路设计的要求，也容易使行人疲劳。

图 4-2　银川平原

图 4-3　丘陵地形

图 4-4　山地景观

山地景观大多是风景旅游区，地形变化剧烈。设计时要尊重原有的地貌特征，因地制宜，营造特色景点；布置旅游路线时除了考虑坡度外，还要考虑游人在游览时的景色变化，充分利用地势条件，营造最佳的游览路线。

二、地形对于景观设计的影响和作用

1. 地形对于景观设计的影响

（1）地形会影响环境的功能布局、平面布置和空间形态。地形是景观空间设计的前提，是空间的基础。地形直接影响景观设计的各个方面。不同的地貌形态适合不同功能的景观类型，同时它决定着景观的平面构成，比如平坦的地形适合广场类景观，便于人流集散，这类空间的地形设计相对自由，主要考虑周边环境的需要；地形起伏较大的场所则比较适合休闲娱乐型的景观，这类景观空间设计受地形制约较大，设计相对复杂，需要充分利用已有的地形条件营造空间。

（2）地面坡度对景观设计与建设有多方面的影响。地形起伏较大的场地，坡面坡度对道路设置、地面排水等都有很大影响。地面坡度决定路面的设置，道路不论是车行还是人行，对路面的坡度都有严格的限制，进行景观设计时要符合这些要求。地面排水设计要充分尊重和利用自然坡度，这样有利于更好地组织地面排水。

（3）地形条件直接影响建筑的布置。建筑是环境中不可缺少的组成部分，景观和建筑是有机共存体，这就要求建筑设计充分尊重环境条件，尤其是地形。地形的坡向及坡度会直接影响建筑的形式和形态。平地、坡地、山地中的建筑形态根据地形条件的不同有很大不同。

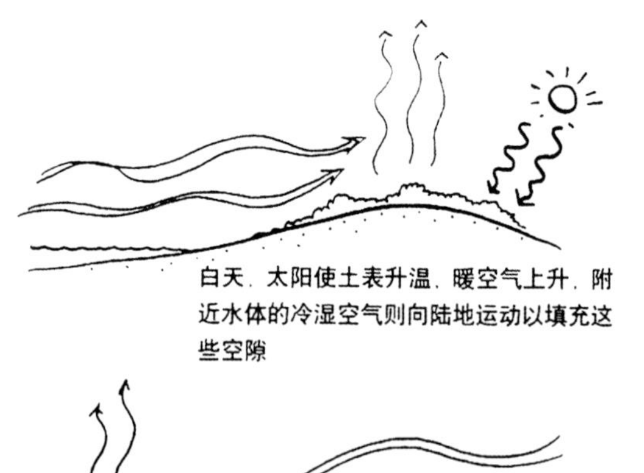

图 4-5　水体对微气候的影响

（4）地形条件会影响环境的微气候。微气候是指小范围内的气候。地形会对环境微气候产生影响，地形起伏变化较大的区域，如山丘会阻隔阳光，产生阳面和阴面，同时带来干、湿环境的区别，从而对植物栽植产生影响，此时阴面就要选植一些耐阴的植物。山丘还会影响风速和风向，如北方地区，场地的北侧常有山丘，以阻挡冬季北风的侵袭，改善场地小气候。水体对于微气候的影响比较明显（图 4-5），水分的蒸发可带来湿润的空气，具有一定的温度调节作用。所以在景观设计中要对场地的地形进行精心设计，以改善环境的微气候，营造舒适的空间。

2. 景观设计中地形的作用

地形在景观中的作用主要体现在空间视觉方面，对营造环境的生态气候也有重要作用：

（1）地形可以划分和组织空间，构成整个场地的空间骨架；还可以组织、控制和引导人的流线和视线，使人的空间感受丰富多变，形成优美的园林景观。

（2）地形可以提供丰富的种植环境，改善植物种植的条件，提供陆上、水中以及阴、阳、缓坡等多样性环境，为不同生长习性的植物提供生存空间，并且种植设计结合地形会令景观形式更加多样，层次更为丰富。

（3）利用地形变化可以创建活动和娱乐项目，增加景观的趣味性和使用性，丰富空间的功能构成，并形成建筑所需的各种地形条件。

（4）地形与给排水结合起来有助于通过自然地形排水，能为场地的排水组织创造条件。

三、地形的设计原则及方法

1. 地形的设计原则

景观中的地形是自然的一部分，设计中必须遵循自然规律，注重自然的力量、形态和特点。地形处理直接影响景观空间的美学特征和人们的空间感受，以及空间的布局方式、景观效果、排水设施布置等要素。因此，景观地形的处理必须遵循一定的原则。

（1）因地制宜、适度改造原则。因地制宜在这里是指根据不同的地形特点进行有针对性的设计。要充分利用原有的地形地貌，考虑生态学的要求，营造符合生态环境的自然景观，减少对自然环境的破坏和干扰。

地形的处理对景点的布置起着决定性的作用，创造多变的景观效果首先要进行合理适度的地形改造，满足功能布局的要求，但这种改造要充分尊重原有的地形条件，根据不同的地域和环境条件灵活地组景，有山靠山，有水依水，充分利用自然中的有利因素。如在地形低洼处挖湖，据高处堆山，但同时要考虑到因堆山、挖湖所占用的陆地面积的比例，减少开挖的土石方量，尽可能少地破坏原有生态环境并减少工程量，节约成本。

（2）整体性原则。某区域的景观地形是更大区域环境的一部分，地形具有连续性，它不会脱离周边环境的影响，因此对某场地的地形设计要考虑周边地形、建筑等环境因素。并且地形只是景观中的一个要素，另外还有其他各种要素形式，如水体、植被等，它们之间相互联系、相互影响、相互制约，共同构成景观环境，彼此不可能孤立存在。因此，每块地形的处理都要考虑各种因素的关系，既要考虑排水、工程量及种植要求等，又要考虑在视觉形态方面与周围环境融为一体，力求实现最佳的整合效果。除此之外，地形的整体性还应与设计定位保持一致，使景观设计能够明确地表达主题。

（3）扬长避短原则。在考虑原有地形地貌时，要合理地改造和利用地形，改善环境中不利的地形条件，使之适合整个景观空间的要求；还要充分利用有利的地形条件组织空间和控制视线，并通过与其他景观要素的配合，力求营造丰富的空间形态和视觉效果，以满足人们观赏、休息及进行各种活动的需求。

2. 地形的设计方法

对于地形的处理要因地制宜、因景制宜，手法比较灵活多变，总结起来可归纳为以下几点：

（1）在景观中根据功能布局的需求，利用微地形或者适当的抬高、下沉划分不同的区域，使空间既彼此分隔又相互联系。

景观空间都是由若干功能区块组成的，每个功能区块因其相应功能不同，地形的处理也有所区别。各个不同的功能空间同处于同一个环境中时，如果没有一定的视觉遮挡，就会使整个空间显得零乱、没有节奏感。这时就可以利用小范围的地形处理进行空间划分（图 4-6），使其既相互分隔又相互联系。

（2）地形变化较大的场地，可以利用地形的坡度设计跌水（图 4-7），也可以适当地进行挖湖、堆山，以丰富空间形态。

《园冶》中有“约十亩之地，须开池者三，……余七分之地，为垒土者四……”的记载，说明传统园林非常注意对地形的改造，挖湖堆山，并注意到了二者之间的面积关系，即只有山水相依，水陆比例合宜，才可能创造优良的生态环境。

（3）在人流大量聚集的区域，需要有便捷的集散空间，场地地形宜平缓、开敞。一些需要创造景观节点及视觉中心的区域，可处理成起伏的地形，并以此为基础布置瀑布、跌水、泉、涓流等水景或者其他类型的景观。

平缓的地形在视觉上给人以流畅、舒展的感觉，可使人产生安全平静的感觉。如公园中的平坦草坪是人们活动和休息的好地方，儿童可尽情嬉闹、玩耍，而不用担心地形的复杂变化带来的安全隐患。但平地缺少私密性，而且活跃性和景观趣味性较差，要靠景观中的其他要素进行补充。如平坦草坪远端的树林为平地的宽阔基面做了垂直向的界定，起到了背景的围合衬托作用。也可以在平坦的地形里布置静水池，使之成为整个画面的焦点，还可以通过平面上形态的组织弥补垂直向的单调（图 4-8）。

图 4-6 利用地形划分空间

图 4-7 利用地形高差设置的跌水景观

图 4-8 草地上的迷宫图案丰富了空间形态

起伏的地形为景观造型提供了良好的条件，利用这种高差的变化，可创造形态各异的景观类型，效果丰富多样，也容易形成空间的焦点（图 4-9）。所以，有时环境中需要制造一些有一定起伏的地形增强视觉效果。设计时应充分利用地形的变化进行景观造型，可以进行流线控制、视线遮挡，也可以顺应地形布置假山，塑造成上部突出的悬崖式造型，并置以泉水或跌水形态予以配合（图 4-10）。假山泉水的布置具有动态效果，可使整个地形更加真实、自然而富有情趣。

图 4-9 大型的跌水景观可形成视觉中心

（4）对于休闲类景观中自然地形的处理，要师法自然。景观地形本身即是自然的一部分，在进行休闲类景观设计时，对于自然地形的塑造要追求轻松、真实，要在符合园林美学法则的同时尽量符合自然地形的变化特征。充分利用自然，师法自然，才能营造亲切、轻松的景观环境，而不能将自然地形几何化、概念化，比如将地形做成圆形或者椭圆形山丘，这将与景观设计的初衷背道而驰。但是有些城市景观为了和周围城市景象更好地融合，有时也会对地形进行几何化处理（图 4-11 和图 4-12）。

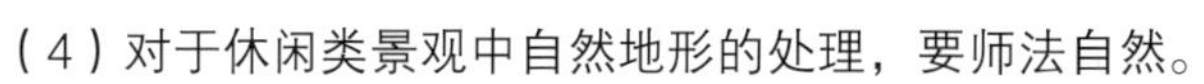

图 4-10 假山跌水造型

图 4-11 半球形的景观造型

图 4-12 将地形处理成几何折线形

第二节 植被

植被是景观中有生命的设计要素，按照形态大致可分为乔木、灌木、各种地被植物和草坪等。植被作为活性要素，其形态、尺度、色彩以及生长规律各不相同，可以给景观空间注入活力。巧妙合理地运用植被造景，不仅可以营造丰富的空间效果，还可以改善局部气候环境。

一、植被的功能

植被在景观设计中有多重作用，其作用大致可分为视觉方面的功能和非视觉方面的功能。植被的视觉功能指植被的审美功能，即用植被美化视觉环境，营造愉悦的空间类型。非视觉功能指植被具有隔音、净化空气、改善气候、保护物种多样性等功能。具体来讲，植被的功能可表现为以下几个方面。

【知识拓展】常用景观植物表

常用园林景观植物介绍

1. 美学功能

各种植被具有不同的造型、色彩、枝叶以及生长周期，很多植物具有很高的欣赏价值，其本身即可以构成景观中的景点和视觉中心，起到美化视觉环境的作用。植被的色彩差别、质地等特点还可以形成小范围的特色，提高景观的可识别性。另外，植物的生长、开花、结果会随时间的变化展现生生不息的特点，这种周期性季节变化增加了景观的丰富程度，也使空间的划分随着时间推移而有所变化，从而形成多样的趣味，提供视觉、触觉、嗅觉等感官层面的愉悦性。为了更好地利用植物进行景观设计，人们通常用“三季有花、四季有景”作为植物设计的原则，即在四季中植物的设计均可成景，除冬季以外，其他三季植物应有花。

植被还具有连接和统一其他景观要素的作用。植被的整体性可以把各种零乱的景色统一起来，提升整个空间的视觉质量。如道路两侧的行道树可以把街道中零乱的场景统一起来（图 4-13 和图 4-14）。有时也可以用植被对不利的景色进行一定的遮挡，突出重点。这一手法是建立在对人的视线分析基础上的，即在分析了视线以后，利用适当高度的植被将不良的景观遮盖起来。如风景区中的道路和停车场可以用植被进行一定的视线遮挡；又如在建筑物较为单调的立面前加栽植物，可以遮挡单调的墙面，丰富空间效果，并把人的视线集中到建筑的精彩部位（图 4-15）。

另外，植物具有柔化空间的作用。所谓柔化空间就是用植物的形态缓冲或者减弱人工形态的僵硬感。人工几何形产生理性和力度美，但也会给人以僵硬、呆板的感觉，植物这种柔性的材料可以起到很好的调和作用（图 4-16）。

2. 空间功能

植被作为设计要素，除了其形态本身具有美化环境的作用外，还有更为重要的作用，即空间造型功能。通过植被可将空间进行垂直向界定，利用植被还可进行流线的限定和视线的遮挡，丰富空间形态。植被的这种空间造型功能手法灵活多变，可以形成密实的限定界面，也可以形成松散的限定界面；可以是规整的排列，也可以是较为随意的自由组合。

利用植被可以构成的空间类型有开敞空间、半开敞空间、覆盖空间、封闭空间和垂直空间等。

（1）开敞空间。开敞空间是指利用低矮的灌木和地被植物进行的空间界定，这种空间的私密性

图 4-13　植物可以统一道路空间

图 4-14　曲径通幽

图 4-15　利用植物对建筑山墙进行装饰

图 4-16　植物具有柔化空间的作用

弱，开放性强，不会对视线形成遮挡，但可以限定人的流线（图 4-17）。

（2）半开敞空间。半开敞空间相对于开敞空间增加了空间的限定程度，在开放空间一侧运用较高的植物组合构成对单面的封闭，可形成比较密实的界面，限制人的视线，而限定较弱的一面成为主要的景观视线方向（图 4-18）。

（3）覆盖空间。利用具有浓密枝叶和较大树冠的高大乔木可构成顶部覆盖而四周开敞的空间类型（图 4-19）。此类空间在景观设计中运用广泛，人可以在树下活动，水平向的开敞使人视野开阔，并且树冠可以给人遮阳。广场上的硬质林或道路两侧的行道树就属于此种类型。为了防止树冠影响树下人的活动可选用分枝点高的树木。

（4）封闭空间。如果覆盖类型的空间两侧以低矮的灌木加以限定，就会变成封闭空间（图 4-20）。这种空间的特征是隐蔽性强，可以和周围环境相对隔离，视线和流线都受到严格限制。

（5）垂直空间。所谓垂直空间就是运用瘦高型的树木围合形成垂直方向的空间形态（图 4-21）。此类空间水平向限定较强，树木形成密实的垂直界面，有较强的向上的动势。

3. 生态功能

（1）减少粉尘污染和气体污染。植物在光合作用时，吸收二氧化碳、放出氧气，可以维持空气中氧气和二氧化碳量的平衡。植物能吸收空气中的有害气体，有净化空气的作用。另外，不少植物的枝叶对尘埃有很好的黏附作用，在一定程度上可以减少空气中的尘埃。

（2）降低噪声。植物有一定的降噪功能，这在景观设计中已被广泛应用。因树种的特性和树木的布置方式不同，隔音的效果也不同。叶片大而坚硬或者像鳞片状重叠的树木，隔音效果较好；乔木、灌木以及地被植物组合布置比单纯的乔木布置的隔音效果好。

（3）调节温度，改善环境小气候。浓密的树冠可以反射阳光，吸收热量，从而有效降低空气温度。垂直绿化对于降低墙面的温度也很明显，在建筑外立面布置藤类植物可以降低室内温度；在局部玻璃幕墙外侧种植大型乔木，可减少室内阳光的直射，也可以降低室内温度。另外，植被还具有

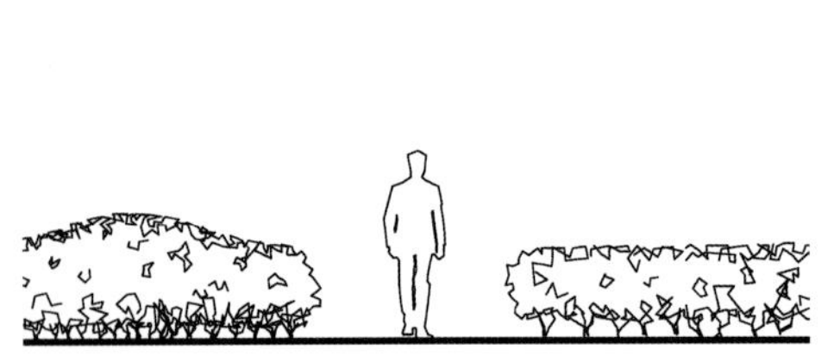

图 4-17 灌木围合成的开敞空间

图 4-18 乔木和灌木围合成的半开敞空间

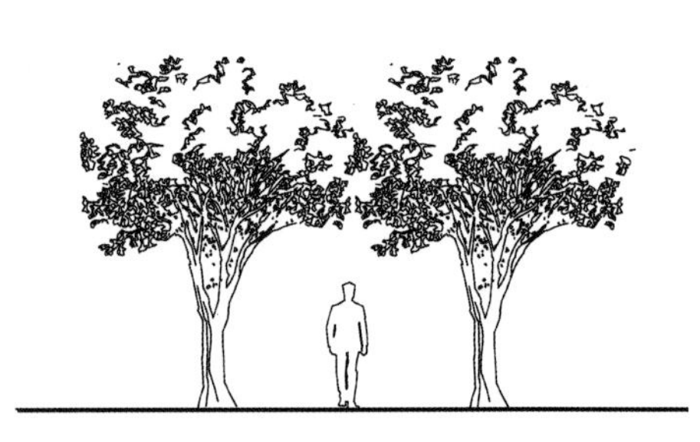

图 4-19 乔木围合成的覆盖空间

图 4-20 乔木和灌木围合成的封闭空间

图 4-21 由树木围合成的垂直空间

提高空气湿度的作用。

（4）提供生物栖息、繁衍、觅食的生存空间。茂密的植被提供了生物生存的栖息地，为生物圈的平衡提供了条件，这是植被生态意义的重要体现。城市内的绿化空间应该相互连通贯穿，形成绿化网络，为生物流的平衡提供可能。

二、植物的分类

植物的种类繁多，形态各异，按照习性和自然生长发育的整体形态，一般可分为乔木、灌木、藤本植物、花卉、草坪草和地被植物等几类。

1. 乔木

乔木是指树身高大的木本植物，由根部产生独立的主干，树干和树冠有明显区分（图 4-22），其通常高度在 5 m 以上，如木棉、松树、玉兰、白桦等。乔木依其高度不同又可分为伟乔木（31 m 以上）、大乔木（21 ~ 30 m）、中乔木（11 ~ 20 m）、小乔木（6 ~ 10 m）等四种。乔木是景观营造的核心植被，其主干挺拔，树木高大，对景观空间的视觉营造有着重大作用。大、中乔木可以形成覆盖空间（图 4-23），小乔木由于分枝点过低，大多进行水平向的限定。

乔木可以单独种植，形成空间的视觉焦点，这时要选用树形、色彩优美的树种；也可以大片集中布置，形成空间的视觉背景。乔木按冬季或旱季落叶与否又分为落叶乔木和常绿乔木。

图 4-22　公园中的白蜡树

2. 灌木

灌木是指那些体形矮小、没有明显的主干、呈丛生状的树木，一般可分为观花、观果、观枝干等几类，通常高度在 5 m 以下（图 4-24）。常见灌木有玫瑰、杜鹃、牡丹、女贞、小檗、黄杨、铺地柏、连翘、迎春、月季等。灌木也可细分为大灌木、中灌木和小灌木。大灌木一般在 2 m 以上，可以进行垂直向的界定。中灌木一般低于人的视线，可以进行垂直向的限定，但限定强度较弱。小灌木高度一般不到 1 m，常做成矮绿篱的形式（图 4-25），不遮挡视线，但可以限定流线，可用来限定人的活动范围；同时在视觉上它可以把各种植被联系起来，加强植物造景的整体性。

3. 藤本植物

藤本植物也称为攀缘植物，其自身不能直立生长，需要依附他物，主要用于廊架、院墙、建筑立面等处的装饰（图 4-26），同时具有遮阳的作用。藤本植物按其攀缘习性可分为缠绕类、卷须类、

图 4-23　公园中绿色的走廊

图 4-24　小叶黄杨和紫叶小檗

图 4-25　公园中的灌木绿篱

图 4-26　用藤本植物装饰的墙面

吸附类和蔓生类四种。缠绕类的藤本植物最常见，如紫藤、金银花、鸡血藤等（图 4-27）；卷须类的有葡萄、龙须藤、扁担藤等；吸附类的有爬山虎、常春藤、落实、绿萝、五叶地锦等；蔓生类依靠蔓生的枝条攀缘，常见的有蔷薇、藤本月季、云实等。

4. 花卉

花卉是园林景观中重要的造景材料（图 4-28），包括一、二年生花卉和多年生花卉，有常绿的，也有冬枯的。花卉种类繁多，色彩、株型、花期变化很大，常见的有鸡冠花、万寿菊、美人蕉、郁金香、玉簪、百合等。

5. 草坪草和地被植物

草坪草是可以形成各种人工草地的低矮、叶片稠密、叶色美观、耐践踏的多年生草本植物（图 4-29），大多为禾本科，一般分为暖季型和冷季型，暖季型的有狗牙草、结缕草等，冷季型的有苇状羊茅等。

图 4-27 紫藤

图 4-28 公园中的花卉

图 4-29 冷季型草坪草

地被植物指用于覆盖地面的矮小植物，既包括草本植物，也包括一些低矮的灌木和藤本植物，高度一般不超过 0.5 m。

三、植物的选用

1. 选用植物的原则

植物的功能是多方面的，植物的选择应以发挥其最大功能为目的，要根据环境和实际条件选择合适的树种，不能主观臆造，应综合考虑以下几方面的因素：

（1）植物的生长速度以及成熟后的规格。植物的尺寸和规格决定了植物在景观中的应用范围及其栽植间距。高大的乔木可用作行道的绿化，矮小灌木可进行空间的限定；其尺度不同，栽植间距也不同。植物的生长速度也会影响到植物的栽植密度，要考虑到植物生长过程中的景观变化，有些植物生长较慢，如果按照成年树栽植，间距过大，不能形成好的效果，因此可以缩小间距，等生长到一定程度再进行移栽。

（2）植物的外形，涉及分枝特征、枝条是垂直型还是伸展或开放型。植物的外形具有很高的欣赏价值，设计中要根据环境条件的不同选用不同特征的树形。如用于行道绿化的树木分枝点要高；营造覆盖型空间要选用枝条具有伸展性的树种，如此可以对地面形成足够的遮蔽；如果要创造垂直向界定就可以选用枝条向上垂直生长的树种。

（3）植物的色彩变化，涉及花期、花色、新芽、落叶、果色、果期等方面。景观绿化设计中，尤其要注意树种色彩的组合变化。植物在四季更替中色彩不断变化，会极大地丰富景观的视觉效果。这种色彩可以通过植物的叶色、枝色、花色、果色等方面体现出来，比如绣球花，也称八仙花，花开时先为白色，后变成粉色，最后变成紫色，可利用此花的多变性进行庭院的点缀，增添庭院中的变化和情趣。

（4）植物叶的特性，包括叶的质地、叶色以及叶的季节变化。大部分植物的叶是最主要的欣赏部位，叶的不同形状、质地、色彩会给人不同的视觉感受，要根据空间特点合理选用。

（5）植物根的特性，这主要涉及植物移植的难易程度。根越深移植难度越大，根越浅则越易于移植，但也容易和其他植物的生长形成竞争。通常情况下，植物的移植尽量选择在冬季或早春，此时植物的根系尚处在休眠状态，进行移植对植物的根系损伤较小。

（6）植物的生长习性，涉及土壤的性质、温度、湿度以及植物自身的耐阴性、耐寒性等。在植物栽植时，最重要的方面是保证植物成活，这就需要考虑植物的生长特性，所以在选用植物时要选择适合本地生长的植物栽植。

（7）植物维护的特性，涉及病虫害、移植、修剪等方面。景观绿化牵扯到很多日后的维护工作，这也是设计前要考虑的问题之一。如要考虑选用的植物是否耐修剪等。

（8）市场采购因素，如植物的规格、数量、价格及市场供应能力等。

2. 常用景观植被的种类

景观中植被种类繁多，一般包括乔木、灌木、花卉和藤本植物等。在不同的地域、不同的景观类型中，植被大有不同，所以对于常用植被的列举只能是代表性的。如我国南方地区常用的乔木有油杉、大叶南洋杉、贝壳杉、马尾松、湿地松、广玉兰、水杉、池杉、落羽杉、水松、鹅掌楸、梧桐、假槟榔、大王椰子、酒瓶椰子、蒲葵、董棕、棕榈、芭蕉、旅人蕉、棕竹等，常用的灌木有海桐、花叶扶桑、苏铁、红千层、花叶木薯、南天竹、鹅掌柴、假连翘、变叶木、龟背竹等；北方地区常用的乔木有白桦、构树、榆树、杜仲、悬铃木、银杏、雪松、白皮松、华山松、油松、水杉、侧柏、圆柏、龙柏、毛白杨、加杨、旱柳、垂柳、馒头柳、龙爪柳、合欢、皂荚、国槐、刺槐、千头椿、香椿、元宝枫、鸡爪槭、七叶树、栾树、梧桐、柿树、白蜡树、红叶李等，常用的灌木有小檗、珍珠梅、榆叶梅、紫荆、红花锦鸡儿、黄杨、红瑞木、连翘、迎春花、金叶女贞等。一般常用作行道树的树种有香樟、悬铃木、枫树、凤凰木、合欢、金合欢、垂柳、榕树、樟树、蒲葵、梧桐、构树、榕树、南洋杉、圆柏、广玉兰、王棕、银杏、羽叶槭等。

根据生活习性，树木还可以分为常绿树和落叶树。常绿树的树叶终年常绿，但不代表它不会落叶，它与落叶树的不同点在于落叶树在秋冬季时多数或全数叶片会掉落，常绿树在四季都有落叶，但同时它会再长出新叶。

根据叶片类型不同，树木则可分为针叶乔木和阔叶乔木。现将常见乔木、灌木、藤本植物、花卉以及其他植被等列举如下：

（1）常绿植物：

①常绿针叶树。

乔木类：华山松、油松、雪松、黑松、龙柏、马尾松、桧柏（圆柏）、侧柏等。

灌木类：罗汉松、日本柳杉、翠柏、千头柏、铺地柏等。

②常绿阔叶树。

乔木类：樟树、紫檀、广玉兰、女贞、椰子、棕榈等。

灌木类：大叶黄杨、瓜子黄杨、雀舌黄杨、小叶女贞、珊瑚树、枸骨、橘树、石楠、海桐、桂花、夹竹桃、黄馨、迎春、金丝桃、杜鹃、苏铁、十大功劳、扶桑花等。

（2）落叶植物：

①落叶针叶树（无灌木）。

乔木类：水杉、金钱松等。

②落叶阔叶树。

乔木类：国槐、刺槐、龙爪槐、垂柳、直柳、龙爪柳、栾树、臭椿、青桐、悬铃木、合欢、银杏、梓树、皂荚等。

灌木类：樱花、红叶李、贴梗海棠、白玉兰、桃花、蜡梅、紫薇、紫荆、八仙花、木槿等。

（3）竹类植物：凤尾竹、刚竹、观音竹、碧玉间黄金竹、慈孝竹、佛肚竹等。

（4）藤本植物：紫藤、扶芳藤、常春藤、络石、薜荔、中国地锦（爬山虎）等。

（5）花卉：百合、常春花、雏菊、翠菊、长生菊、凤仙花、鸡冠花、桔梗、美人蕉、郁金香、兰花、太阳花、一串红、水仙、睡莲等。

（6）草坪草：高羊茅、狗牙根、天鹅绒草、结缕草、马尼拉草、麦冬草、四季青草、三叶草等。

四、植物的形态与色彩

1. 植物的形态

（1）乔木的树形。乔木类的树形常见的有球形、尖塔形和圆锥形，其中圆球形树多为阔叶乔木，树冠规整、浑厚；尖塔形和圆锥形树多为针叶乔木，树形有较强的向上的动势。

（2）灌木的树形。很多灌木形是人工修剪的，所以常见的灌木形态和实际灌木的形态相差较大。灌木没有明显主干，以球形丛生居多，比如黄杨、海桐、球柏；另外还有卵形和匍匐形。

2. 植物的色彩

色彩是景观植物最引人注目的观赏特征，植物的色彩具有很强的表现力，直接影响环境的气氛和情感。深色能使空间显得安详静谧，并产生景物向后退的感觉；浅色明亮轻快，令人愉悦，景物有向前突进的感觉（图 4-30）。

图 4-30 大自然中的植物色彩

在景观设计中要注意植被色彩的搭配，如当绿篱和高大乔木并置时，低矮的绿篱是深绿色，乔木的树冠较浅，这样的组合在视觉上会给人稳定和谐的感觉；反之，则有动感、活跃的倾向。深色的植物可以给鲜艳的植物做背景，强化颜色的视觉效果。彩色植物可以给整个空间增添活力和兴奋点，设计时尤其要注意彩色植物的应用。植物的色彩是通过很多方面呈现出来的，比如叶片、枝干、花朵以及果实。色彩缤纷的植物能丰富视觉感观，增加景观的层次感。

（1）叶的色彩：

①绿叶植物。多数阔叶树早春的叶色为嫩绿色，如馒头柳、刺槐、银杏、悬铃木、合欢、落叶松、水杉等；部分针叶树为浅绿色。大叶黄杨、女贞、枸骨、柿树、樟树等叶色深绿；油松、华山松、侧柏、圆柏等常绿针叶树为暗绿色。此外，翠柏为蓝绿色。

②色叶植物。此种植物也称彩叶植物，具有较高的观赏价值（图 4-31 至图 4-34），其根据叶色变化的特点，分为春色叶树种、常色叶树种、斑色叶树种和秋色叶树种。

春色叶树种常见的有石榴、山麻杆、樟树、山杨、臭椿等。秋色叶树种指秋天树叶变色比较均匀，持续时间长、观赏价值高的树种，如秋叶红色的枫香、鸡爪槭、黄连木、黄栌、花楸等；秋叶黄色的银杏、金钱松、白蜡、黄檗等；秋叶红褐色的水杉、落羽杉、池杉、水杉等。常色叶树种其叶色在整个生长期内或常年呈现异色，如红色的红枫、红羽毛枫，紫色和紫红色的紫叶李、紫叶小檗，黄色的金叶女贞、金叶假连翘、金叶风箱果等。

图 4-31 银杏

图 4-32 鸡爪槭

图 4-33 黄栌

图 4-34 紫叶李

（2）枝干的色彩。枝干的色彩容易被人忽略，它虽不像叶片色彩那样丰富多彩，但也可以形成独特的视觉效果。

绿色枝干是比较常见的，如梧桐、棣棠、迎春以及大部分竹类植物等；黄色枝干的有金枝垂柳、黄金槐、佛肚竹等；白色枝干的有白皮松、白桦、银杏、核桃、白杨等；枝干为红色或者紫红色的植物有红瑞木、山桃、红槭、红桦、赤松等，红色枝干的植物在冬季非常具有装饰性（图 4-35）。

图 4-35 红瑞

五、植物的配置

1. 植物配置的原则

（1）因地制宜原则。在进行植物配置时应根据不同地域的气候条件、地质状况等选用适合的植物种类，满足植物的生态要求，这就要求设计师了解植物的生长习性，了解植物的生长土质及其对温度、湿度、光照等方面的要求，从而合理选用及组合搭配，创造生态适宜、环境优美的景观环境。

（2）因时制宜原则。景观植物造景要考虑季节因素，考虑不同季节的植物造型变化，注意落叶树和常绿树的组合，绿色叶树和彩色叶树的搭配。另外，还要考虑树龄变化对景观的影响，树木的体量和冠形会随着树龄的增长发生变化，因此要考虑其是否会对未来的景观产生影响。

（3）因景制宜原则。因景制宜是指植物配置必须和景观的总体布局、功能需要、空间特点相符，并考虑周围环境的因素，具体环境具体分析，根据不同的地形、环境条件和现状特点营造不同的植物配置形式，用植被增加空间的特色。比如城市绿地和公园绿地的植物布局形式就很不一样，平坦地形和起伏地形的植物布局也不尽相同。

（4）多样性原则。多样性是生态绿地的要求，它包括植物种类的多样性和植物组合形式的多样性。要做到植物种类的多样性，简单来说就是要尽量配置较多的品种，但也要做到重点突出，以一种或几种树种为主题，营造统一的环境基调。植物组合形式的多样性主要体现在乔木、灌木、藤本植物、地被植物的不同搭配关系，以及它们和其他景观要素的组合关系上。

2. 植物的布置形式

（1）规则式。此种布置形式规则严整，适用于平坦地形（图 4-36 和图 4-37）。植物多被修剪成几何形且规整排列，充满理性美感，多用在对称格局的空间或者城市广场景观中；但也会给人刻板、僵硬的感觉，缺乏自然情趣。规则式的植物设计在法国的古典园林中最为常见。

（2）自然式。此种布置灵活多样、丰富多变，以追求自然之美，适用于不同的地形特征，植物可顺应地形自由布置，给人以轻松、灵动的感觉（图 4-38）。此种布置形式要注意加强空间的结构秩序，避免植物布置过于零乱。英国的植物园和中国的私家园林便以追求自然的形式为特征。

图 4-36 规则式植物布置 1

图 4-37 规则式植物布置 2

图 4-38 自然式植物布置

（3）混合式。大部分景观空间中的植物布置是规则式和自然式的综合，既有人工的理性美，又不失自然生动之趣，以适应不同的空间需求（图 4-39 和图 4-40）。但是这种结合并不是绝对的折中，要根据功能及空间的要求进行布置，以一种方式为主，另一种方式为辅。如在公园绿地中可能会以自然式布置为主，规则式布置为辅；但在城市广场绿地中可能正好相反。

图 4-39 混合式（以自然式为主，点缀规则式）

图 4-40 混合式（以规则式为主，点缀自然式）

3. 植物的配置方式

（1）孤植。孤植是把树型、树冠优美的乔木单独种植，周围留有一定的空地，形成空间视觉中心的配置方式（图 4-41 和图 4-42）。它主要体现植物的个体美，多设置在空间的中心位置形成主景；也可以起到烘托、引导其他景物的作用，如和构筑物结合设置，相映成趣；或者设置在园路转弯处（图 4-43），形成一定的遮挡，既点缀空间，又可增加空间的标识性。

图 4-41 孤植形式

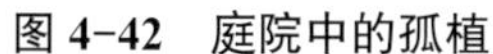

图 4-42　庭院中的孤植

图 4-43　孤植树木的应用

要形成孤植景观必须满足两个条件：一是用于孤植的树木体量较大，如大中型乔木，并且植株姿态优美，树形挺拔、端庄或者花、叶颜色独特，有较高的观赏价值。其可以是常绿树，也可是落叶树，如雪松、樟树、木棉、垂柳、鸡爪槭等。二是孤植树的周围要有一定的空旷地段，一般在距离树高 4 ～ 10 倍距离范围内不应有其他景物存在，或不能有高大的物体阻隔视线。

（2）对植。将树形、体量相近的树种以相互呼应的形式栽植在构图轴线两侧即为对植。对植可体现庄严、肃穆的均衡美。对植要选用树形、姿态、花色优美的树种，或者选用耐修剪的树种进行人工造型。对植常用于建筑前、广场入口、大门入口等以体现均衡美为主的场所（图 4-44）。对植可以细分为对称对植和均衡对植。对称对植要求两侧的树木在尺度、形态、色彩上保持一致，以营造肃穆的感觉；均衡对植并不要求树种、树形完全一致，相对灵活一些。

（3）丛植和群植。丛植是指两株至十余株的树木，按照一定的构图形式组合成一个整体，着重体现群体美，设计时要考虑多株植物相连构成的外轮廓线以及它们的组合关系（图 4-45 和图 4-46）。丛植可以形成自然的植物景观，它是利用植物进行景观造景的重要手段。丛生的白桦树是景观设计中经常被使用的丛植形式。

群植又可以叫作树群，从数量上看它比丛植要多，丛植一般在 15 株以内，群植可以达到 20 ～ 30 株，如果连灌木算在一起数量可以更多，常作为景观空间的背景。树群可分为单纯树群和混交树群，单纯树群由一种树木组成，混交树群由大乔木、小乔木、灌木、草本等植物混合组成，层次较复杂，变化形式较多。

（4）林植。林植是指植物成林状大面积布置，具有一定的密度和群落外貌（图 4-47）。林植可以形成森林景观，并对城市环境产生影响。林植可分为密林和疏林，密林植物比疏林植物的栽植

图 4-44　对植形式

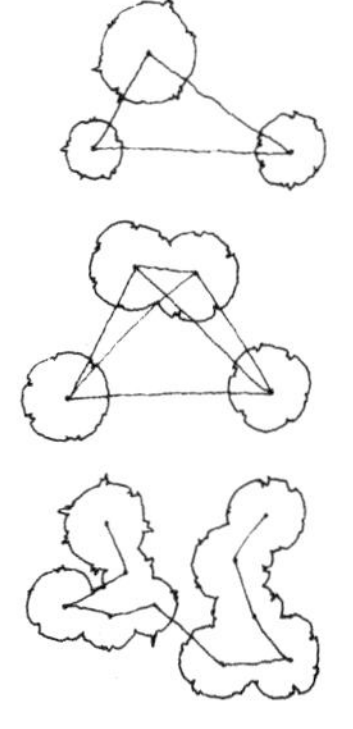

图 4-45　多株植物的组合关系

图 4-46　庭院景观中的丛植

图 4-47　纽约中央公园中的大片树林

密度大，不太适宜树下活动，但可以单独留出一定的草坪空间提供活动场地；疏林是风景区和大型公园常用的一种布置形式，常与树下草坪结合，可以为游人提供休憩场所。

第三节 水体

水体是景观中最主要的元素之一。不论何种类型的景观，水都是最富有生气的要素，有着丰富的表现力，早在古典园林设计中就有“无水不成园”的说法。喜水是人类的天性，水景的形态多样，千变万化，水体可以给人以博大、壮丽、灵动等不同感受。水景设计为范畴很宽泛，大到滨水景观设计（滨海、滨湖、滨河等），小到池水设计都有。

一、水体的分类

1. 按水型分

（1）自然型。自然型水体包括自然中的水体和人工模仿自然制造的水体，水形轮廓自由、随意，能给人轻松、活泼的感觉。它虽以追求自然为美，但仍需要人为提炼加工（图 4-48、图 4-49）。这种水型常用于公园景观、居住区景观和旅游区景观。

（2）规则型。此种类型即把水景做成几何规则形状，比如圆形、方形以及其他复合形等。规则型水体具有简练、大气的效果（图 4-50），能把几何轮廓的力度美和水体的柔美很好地统一起来。规则型水景还具有现代气息，容易和城市其他景观元素结合，所以多用于城市广场、商业街等空间。

图 4-48 自然型水景

图 4-49 人工处理的自然型水景

图 4-50 公园中的规则型水景

2. 按水势分

（1）静水。静水是指水面平静、无流动感或者是运动变化比较平缓的水体。适用于地形平坦、无明显高差变化的环境，具有柔美、静逸之感。静水一般面积不大，设计时要充分考虑水面倒影的效果（图 4-51）。大面积的静水切忌空而无物、过于平淡，要与其他元素结合起来设置（图 4-52）；也可以把水形做得曲折丰富，以表现水面平静如镜或烟波浩渺的寂静深远的境界，渲染整个空间的气氛（图 4-53）。

（2）动水。动水是指运动的水体，可细分为流动型、跌落型和喷涌型水体。动水有活泼、灵动之感，应用非常广泛。在景观中，动水具体表现为流水、跌水、喷泉、瀑布等多种表现形式。

图 4-51　倒影把雕塑和水景联系起来

图 4-52　水面中设置树池点缀

图 4-53　公园中柔美的静水面

①流水。流水是指地面有一定坡度，水体顺势而流，多数为溪流的形式。溪流常贯穿整个景观环境，给空间注入生气（图 4-54）。流水的水量较小，流速较缓。溪流的形式以及水岸线的处理要和整个空间结构统一起来。流水由于多为线形水体，在景观中常被做成弯曲或曲折形，以增加空间的趣味性（图 4-55），在中国古代就有“曲水流觞”的说法。“曲水流觞”原是中国古代文人的一种游戏，即找一条溪渠，截其一段，将酒盏置于溪水之上，各位游戏参与者均站在溪岸边上，酒盏顺溪水流动到哪位游戏者的位置，该位置的人需要吟诗作赋，否则就要罚酒。后来人们把曲水流觞当作一种风雅的代表，在园林设计中经常使用，现乾隆花园中就设有“曲水流觞”亭，只是其形式已有所改变和美化。

②跌水。水体从高水面流向低水面，呈台阶状跌落的形式称为跌水。跌水台阶有高有低，层次有多有少；跌水构筑物的形式更是丰富多样，有规则式、自然式等，所以会产生形式不同、水量不同、水声各异的丰富多彩的跌水类型（图 4-56 和图 4-57）。

跌水要借助地形的高差变化和跌水构筑物形成，在设计时要充分考虑原有地形的特点，以此决定跌水的形式、尺度、流向等（图 4-58）；如果是起伏地形要借势造水，起伏较大的跌水则会变成瀑布的形式（图 4-59）；如果为平坦地形，可以借助跌水构筑物制造跌水效果（图 4-60）。

跌水具有一定的高差变化，水势有明显的方向性，能够大大增加空间的层次感和趣味性。设计时要使跌水的布置和空间功能吻合，不能只注重跌水本身的造型，而不重视其作用的发挥。如应在跌水跌落的下方区域设置硬地广场供人停留、休憩，也可为人提供最佳的欣赏角度（图 4-61）。

③喷泉。喷泉是通过一定的压力处理，使水经由喷头喷洒出来，并具有特定形状的水体造型。水压一般由水泵提供。喷泉是水景中最多样化、最具特点的景观元素。通过不同形式的喷头可塑造各种富有表现力的水体形态，不仅可丰富空间的层次，还可给人带来视觉上的愉悦。

图 4-54　城市景观中的人工溪流

图 4-55　折线形的人工溪流

图 4-56　跌水墙

图 4-57　小型跌水景观

图 4-58 台阶式大型跌水景观

图 4-59 跌水瀑布

图 4-60 跌水构筑物

图 4-61 台阶式跌落水景

喷泉景观概括来说可以分为两大类：一类是根据现场地形条件，仿照天然水景制作而成的，如壁泉、涌泉、雾泉、管流、溪流、瀑布、水帘、跌水、漩涡等。二是完全依靠喷泉设备人工造景。这类水景近年来在设计领域被广泛应用，发展速度很快，种类繁多，有音乐喷泉、程控喷泉、摆动喷泉、游乐喷泉、超高喷泉、激光水幕电影等。

喷泉按照构造形式可分为水喷泉、旱喷泉和雾喷泉。水喷泉设置在水中，是最常见的喷泉形式，通常把喷泉设备隐藏在水下，将喷头置于水面。水喷泉配合静水面使用，可以单独设置也可以成组设置（图 4-62 至图 4-64）。旱喷泉将水池面以地面铺装的形式封闭起来，只留出喷口的位置，喷水回落以水箅形式收集，回流进入水池。旱喷泉的水池和喷头均隐藏于地下，表面是平整的硬质铺装或者用金属箅子覆盖，在不喷水时不影响景观效果和人流穿行，喷水时人也可以进入喷泉阵中体验喷水的乐趣（图 4-65 和图 4-66）。因为旱喷泉具有一定的灵活性，所以在现代景观空间中被越来越广泛的应用。雾喷泉是一种效果独特的喷泉形式，采用的是特殊的可喷出微细水滴的雾化喷头，可营造烟雾弥漫的视觉效果（图 4-67 和图 4-68）。雾喷泉的喷头有设置于水池和旱地两种形式，经常与其他景观元素配合使用，也可与水喷泉或旱喷泉结合使用，喷头均匀等距布置在其他元素旁边。

图 4-62 单独设置的水喷泉

图 4-63 静水面中的喷泉

图 4-64　组合喷泉景观

图 4-65　大雁塔广场的旱喷泉

图 4-66　供人们嬉戏的旱喷泉

图 4-67　跌水景观中的雾喷泉

图 4-68　石景中的雾喷泉

二、水景的设计要点及造型手法

1. 水景的设计要点

水景是景观设计中最常用的元素之一，其设计的好坏对整个环境至关重要。设计时首先应注意水质和水型两个方面。环境中做到有水并不难，但要成景则不容易，要保持水景效果则更加困难。

（1）水景的功能要求。无论是观赏类、嬉水类，还是为水生植物和动物提供生存环境，水景都要做到形态丰富、有变化，并提供观赏的场地和视角。嬉水类的水景如果是水池要注意水的深度不能太深，以免造成危险，在水深的地方要设计相应的防护措施；进行娱乐性、参与性的水景设计时还要格外注意水质的要求；如果水景是为水生植物和动物提供的生存环境则需要安装过滤装置以保证水质。

另外，水型要符合环境的功能特点，既能丰富空间，又可以使空间形式统一。水的形态千变万化，设计什么水型要考虑其功能和周围的环境，从而确定水景的形式、形态、平面及立体尺度，实现与环境的协调，形成和谐的体量关系。如在城市广场景观中就多采用规则式水型以求与城市空间取得协调（图 4-69）。

（2）水景在美观性方面的要求。水景的视觉效果在很大程度上影响着整体景观的效果，不论是溪流、跌水、喷泉还是其他的水景都要仔细考虑具体的造型，使其成为景观中的点睛之笔。设计水景时要注意妥善设计各种管线和设施，并注意其布置的隐蔽性，增加视觉美感。

（3）水景的可参与性及安全因素。喜水是人的天性，水景不是只供欣赏的视觉要素，设计时还要特别注意其可参与性，使人能很方便地接触到水，亲近水，参与到各种水面活动中，以提高水景的吸引力（图 4-70）。如在水景中设置亲水平台（图 4-71），开发各种水上娱乐项目等。要让人参与就要考虑安全问题，人工水景深度不宜过深，并防范人们落水，人流密集区域要采取适当的防护措施或设置警示标志。

图 4-69 城市空间中的规则水景

图 4-70 涌泉增加了水景的吸引力

图 4-71 伸入水中的木质亲水平台

（4）水体应尽量连通、循环。死水对水质是不利的，景观中的水应该是循环流动的，因为流水具有较强的自动净化能力。古谚云："流水不腐。"这可以说是水景设计的座右铭。

（5）水景设计须与地面排水结合。有些地面排水可直接排入水塘，水塘内可以使用循环装置进行循环，也可利用自然的地形地貌和地表径流与外界连通。如果使用循环和过滤装置则需注意水藻等水生植物对装置的影响。

（6）水景的冬季处理。在寒冷的北方，设计时应该考虑冬季时水结冰以后的处理。在加拿大的某些广场上，冬天会利用冰开展公众娱乐活动。如果为了防止水管冻裂而将水放空，则必须考虑池底暴露以后是否会影响景观效果，所以设计时通常会对池底进行适当的装饰，如用鹅卵石铺砌成各种图案等（图 4-72）。

（7）考虑水景的夜间效果，使用水景照明，尤其是动态水景的照明。水景照明是指在夜间利用灯光将水景照亮，使水景造型交相辉映，营造独特的夜景效果（图 4-73 和图 4-74）。水景照明涉及很多方面的内容，既要根据水景形式选用合适的灯具和投光方式，也要考虑水景的组合效果及光色的使用。

图 4-72 用鹅卵石铺砌水溪

图 4-73 灯光下的喷泉造型

图 4-74 跌水的夜景照明

（8）不同水体形态之间以及水体和其他元素的结合使用可丰富环境的多样性。设计时通常是多种形式的水体组合使用，如跌水和静水的结合、喷泉和跌水的结合等；也要注意将水体和植被、山石等元素结合起来设计（图 4-75 和图 4-76）；还要考虑水体与水生动植物的结合，可种植或养殖各种不同的动植物，如水中的荷莲、水边的芦苇、各种鱼类等，这样既能体现生物的多样性，也能增加空间的趣味性。

（9）水景驳岸的设计。较大的人工水面或自然水面要修筑驳岸。水景驳岸是在景观水体边缘与陆地交界处，为稳定岸壁、保护岸边不被冲刷或水淹设置的构筑物。水景驳岸是园景的重要组成部分，驳岸设计的好坏，主要受视觉方法的影响，并决定着水景能否成为吸引游人的景观要素；而且，驳岸也是城市中的生态敏感地带，对于滨水区的生态有非常重要的影响。现在常见的驳岸形式有立式驳岸、斜式驳岸和台阶式驳岸。

图 4-75　城市街边的水景造型

图 4-76　喷泉和石景结合

中国的拙政园在进行水景驳岸的设计时，就采用了多种材质变化的形式对其进行处理。

2. 水景的造型手法

（1）面状造型。面状造型是指用开阔的大水面构成整个空间的主体基底，其他景致围绕其展开。这种形式主要适用于水资源丰富的地域，可以利用水景构成整个环境的主题，在设计时要注重水岸线及驳岸形式的设计。水岸线要根据水形的变化，利用其他元素进行一定的视觉遮挡，使人在走动时产生步移景异的感觉（图 4-77）；驳岸设计要尽量让人能够接近水面，并有一定的安全设施（图 4-78）。特别是小孩可以靠近的水面，近岸边一定要做浅水区，以提高安全性。

（2）线型连通。线型连通是指主要用线性水型，如溪流贯穿整个空间，把各要素联系起来，可增加景观整体性。设计时要根据水型的变化，适当设置放大的水面，使水型富有节奏感，并且这种放大的水面要与整体空间吻合，如在人流比较集中的地方，要结合硬地广场设置放大水面（图 4-79），以增强空间的中心感。线性水型在贯穿空间时要考虑其对人流交通的影响，即首先要满足交通的需求，在适当的区域可以设置桥面或者地下水流。

图 4-77　利用植物形成一定的遮挡

图 4-78　驳岸边设置休息平台

图 4-79　水池景观节点

（3）点睛之笔。点睛之笔主要针对小型水景，如小水池、跌水造型、喷泉造型等。利用小水景的恰当布置可以形成空间的视觉中心（图 4-80）。此类型的水景设计要着重水景的造型，既要保持空间风格一致，又要通过体量、高差变化、材质、色彩等强调特色，吸引人的视线。另外，小水景通常布置在轴线的交点上、视线的集中处、空间的尽端或醒目位置，只有这样才能形成空间的焦点，成为点睛之笔。

图 4-80 造型细腻的小水景

第四节 地面铺装

【知识拓展】景观铺装材料大全

景观地面铺装是指在环境中运用自然或人工的铺地材料，如石材、木材等，按照一定的砌筑方式将其铺设于地面形成的地表形式。景观铺装是景观的一个有机组成部分，设计时可通过对园路、空地、广场等区域进行不同形式的铺装组合，使铺装贯穿整个空间，形成连续的铺装系统，其在营造空间的整体形象方面具有极为重要的作用。

一、地面铺装的功能

1. 交通功能

（1）道路是由各种铺装铺材料砌而成的，根据交通对象的要求，铺装应坚实、耐磨、防滑，保证车辆和行人安全、舒适地通行，这是铺装最基本的功能。

（2）通过路面铺砌的图案给人以方向感。方向性是道路重要的功能特性。对于路面来说，铺装通过铺砌图案和颜色的变化，更容易给人以方向感和方位感。

（3）通过地面铺装可以划分不同性质的交通空间。不同的路面铺装给人们的心理感受是不同的，这源于不同色彩、不同质感的铺装材料给人的心理暗示是不同的。景观设计中可以采用不同的铺装材质对道路空间进行划分，从而加强人们对不同空间的识别能力（图 4-81）。

2. 承载功能

（1）地面铺装可以承担一定的重量，并能满足高强度的使用。环境中不论是人行还是车行都少不了铺装做承载体，它提供了快速便捷的交通，也避免了雨天造成的道路泥泞。

（2）不管什么类型的景观空间都要设置专门的活动场地，硬质铺装可为人们提供坚固的活动、交往、休息空间，满足居民户外活动的需求。铺装用地多与公共绿地结合，组成不同的功能分区。

3. 装饰功能

铺装是功能性要素，承载和交通是它最主要的功能，但随着人们对景观空间质量要求的提高，铺装也需要满足人们深层次的需求，即对于美的追求。地面铺装既要为人们提供优雅、舒适的景观环境，也要营造适宜交往的空间气氛。

（1）地面铺装是户外环境的重要组成部分，它与建筑、空间风格是否一致，直接影响着整体景观的效果。

（2）景观铺装可以组织空间秩序，提升环境的视觉品质。如对于一条普通的街道来说，采用常见的混凝土或柏油铺装即可满足交通需求，但视觉效果不太好，也不会改善整体环境；如果对铺装进行精心设计，使地面铺装的图案或肌理构成某种秩序，则可在丰富路面本身的同时使其与周围环境融合，从而形成良好的铺装景观，增加道路的人情味和吸引力，同时提升整体环境的品质（图4-82和图4-83）。

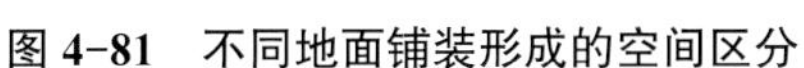

图4-81　不同地面铺装形成的空间区分

图4-82　地面铺装形成空间特色

图4-83　装饰性铺装可增加空间的人情味

二、地面铺装的类型

地面铺装作为一种重要的景观要素，除了具有很强的实用性之外，也可成为环境中的观赏焦点。适当的铺装材料可以使道路空间变成特色景观。常用的铺装类型按材质不同划分有沥青铺装、混凝土铺装、石材铺装、砖砌铺装、预制砌块铺装、卵石铺装、木材铺装等，不同的材料有不同的质感和性格。

1. 沥青铺装

沥青铺装指的是用沥青作为结合料铺筑面层的路面铺装方法。这种铺装的优点是成本低，施工较为简单，表面平整无接缝，行车振动小，噪声低；缺点是温度敏感性较高，夏季强度下降，低温时可能会开裂，须经常维护。沥青铺装多用于城市道路、国道、停车场的路面。这种铺装材料又可细分出沥青混凝土、透水性沥青、彩色沥青等多个品种。

铺装时的一般做法是底层用砂土和碎石铺满，在碎石上铺筑一定厚度的沥青混合料作为面层。沥青铺装施工简单，便于操作，施工工期短，但装饰性不强。

2. 混凝土铺装

混凝土铺装是用混凝土铺筑面层的铺装方法。其优点是造价低廉、铺设简单；可塑性强，耐久性高；强度高、刚度大，具有较高的承载能力和扩散载荷的能力；稳定性好，受气候等自然因素影响小；表面较粗糙，抗滑性和附着性好；路面色泽鲜明，反光能力强，对夜间行车安全有利。同时，通过一些简单的工艺，像染色技术、喷漆技术、蚀刻技术等，可以在其上描绘美丽的图案。其不足是缺乏质感，表面较为单调，并且要设变形缝。铺装时一般先在底层铺碎石再浇灌混凝土，表面用铁抹子找平。变形缝可用发泡树脂接缝材料。这种路面常用于铺装城市道路、园路、停车场等。

3. 石材铺装

石材可以说是所有铺装材料中最自然的一种，无论是具有自然纹理的石灰岩，还是层次分明的砂岩、质地鲜亮的花岗岩，即便未经抛光打磨，由它们铺成的地面都容易被人们接受。石材路面指的是在混凝土垫层上再铺筑一定厚度的天然石料所形成的路面。

石材铺装的优点是耐久性、刚性和观赏性较好，色彩、肌理变化较多，缺点是造价很高。石材铺设的道路，既能满足使用功能，又符合人们的审美需求。石材利用不同品质、色彩、石料饰面及铺砌方法能组合出多种形式（图 4-84），常用于城市广场、商业街以及建筑周边硬地的路面铺装。常用的景观石材有花岗岩、大理石、砂石、板石及各种人造石材等。

石材的铺装应注意实用性，不应使用光面的石材进行主要路面的铺装，否则凡遇雨、雪天气，石材光面路面非常湿滑，容易使人跌倒。

图 4-84 石材铺装的广场

4. 砖砌铺装

砖作为一种铺装材料具有许多优点，如铺砌方便，坚固、耐久，色彩丰富，拼接方式多样等。利用其浓厚的色泽和多样的拼接形式，可以拼装出许多图案，形成不同的路面纹理效果，使道路空间具有浓厚的人情味（图 4-85）。砖砌铺装常用于广场、商业街、小区道路、人行道等场所。

因为砖的体块较小、拼法自由，所以适于小面积的铺装，如小庭院、园路或狭长的露台；小尺度空间如道路的各种小拐角，不规则边界或石块、石板无法铺砌的地方，此时砖可以发挥它的优势，并能增加铺装的趣味性。砖还可以作为其他铺装材料的镶边和收尾，如在大块石板之间使用。不仅如此，人还可以改变砖的尺寸，使其适用于特殊地块。

5. 预制砌块铺装

砌块是利用混凝土、工业废料（炉渣、粉煤灰等）或地方材料制成的人造块材，外形尺寸比砖灵活。这种材料因具有防滑、步行舒适、施工简单、修整容易和价格低廉等优点，常被用于广场、城市道路、小区中的人行道等多种场所的路面铺装。

砌块的色彩花样丰富、拼法多样，可以形成各种特殊的风格，增加道路空间的趣味性（图 4-86 和图 4-87）。并且砌块铺装具有良好的透水性能，可以使部分雨水渗透至地下，有利于花草、树木的生长和生态景观的形成，所以常大量应用于各类景观园路中。

6. 卵石铺装

卵石铺装是指在基底混凝土层上铺一定厚度的砂浆，然后将卵石平整嵌砌的路面铺砌方法。其优点是肌理细密，装饰性强，并可嵌砌各种图案（图 4-88 至图 4-90）。这类铺砌方式不宜大面积

图 4-85 砖砌铺装的景观

图 4-86 预制砌块铺装的地面图案

图 4-87 预制砌块铺装的人行道

使用，一般不用于主要的交通道路，多用在一些景观小路或者水中，作为一种辅助铺装使用，用来增加空间的情趣；其在公园、居住区中运用较多。

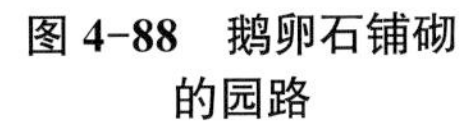

图 4-88 鹅卵石铺砌的园路

图 4-89 鹅卵石和石材结合铺砌

图 4-90 卵石铺砌的圆形广场

7. 木材铺装

木材作为室外铺装材料，其使用范围没有石材或其他铺装材料广泛。木材容易腐烂、干裂，应用时需要进行防腐处理，不宜大面积应用于室外环境；但是木材也有很多不可替代的优点，比如木材的色彩和纹理很美观（图 4-91），景观中可以呈现原木本身的纹理和色彩，也可以涂色或油漆。

图 4-91 不同色泽的木材铺装

图 4-92 滨水木质平台

木材铺装虽然不宜大面积铺设，但在景观中应用也不少，相对于其他材料，木材铺装更显典雅、自然，多应用在栈桥、休息平台、亲水平台等场所（图 4-92）。如由截成几段的树干构成的踏步，或者把亲水平台做成木质铺装，这种色彩、质地的变化能增加空间层次，增强空间的视觉凝聚力。

木材铺装最大的优点就是给人以柔和、亲切的感觉，所以常用木块或栈板代替砖、石铺装。尤其是在休息区内放置桌椅的地方，木材铺装与坚硬冰冷的石材铺装相比优势明显。

木材材质相对柔软，可以在人们经常行走的区域使用。

三、地面铺装的设计原则和要点

1. 地面铺装的设计原则

（1）艺术性原则。随着人们对外界环境质量要求的不断提高，景观铺装设计越来越讲究艺术性的表达，追求美观。地面铺装的艺术性主要通过其色彩、拼砌方式、图案纹样、质感和尺度等几个要素体现。

园林铺装是一种功能性要素，它不是主要的造景手段，一般作为空间的基底背景，很少成为主景，所以铺装应该与周围环境的色调协调。色彩的应用一般以中性色为主，色彩饱和度较低，不同材质之间的亮度较接近，也可以有适当高饱和度的材质点缀，追求统一中求变化，做到稳定而不沉闷，鲜明而不俗气（图 4-93 和图 4-94）。如果整个环境中的铺装色彩过于鲜艳，可能会喧宾夺主，甚至造成整个景观视觉方面的杂乱无序。

人对不同色彩的心理感受是不同的，暖色调温馨、热烈，冷色调优雅、干练；明亮的色调轻松愉快，暗色调宁静、稳重。在进行铺装设计时要根据周围环境及景观功能性质合理选择铺装的色调。

铺装的拼砌方式和图案纹样是多种多样的，铺装图案的设计要坚持统一、协调的原则，根据场地的条件选择拼砌方式和纹样。一般以简洁明了的构图为主，如方格网形、平行线形等，从而形成空间的秩序感（图 4-95）。

图 4-93 铺装中的色彩运用

图 4-94 以铺装的色彩渲染空间的气氛

图 4-95 小区道路的铺装纹样

铺装的质感是人对材质肌理的感触，不同铺装材料的肌理和质地不同，对空间环境产生的影响也不同，给人带来舒适、温馨、细密、简练等不同的感觉（图 4-96）。利用质感不同的同种材料铺装，很容易在变化中求得统一，达到和谐、一致的铺装效果。对于同一质感的铺装组合，可以通过肌理的横直、纹理的设置、纹理的走向、肌理的微差、凹凸变化充实铺装内容。相似质感材料的组合在视觉效果上可起中介和过渡作用。对比质感材料的组合会增强铺装的特点，得到有趣的视觉效果，也是体现质感美的有效方法（图 4-97）。在进行铺装设计时，要考虑空间的大小，大空间可选用质地粗犷厚实、线条明显的材料，给人以稳重、沉着的感觉。小空间则应选择比较细小、圆滑的材料，给人以轻巧、精致和柔和的感觉。

图 4-96 广场铺装质感的变化

铺装的尺度对空间效果至关重要，包括铺装图案的尺寸和铺装材料的尺寸两方面，两者都能对外部空间产生一定的影响，形成不同的尺度感。在铺装图案的尺寸方面，大面积铺装应使用大尺度的图案形式，这有助于表现统一的整体效果（图 4-98）；如果图案太小，铺装会显得琐碎，难以与大尺度的空间契合。小面积的场地铺装宜采用小尺度的图案，精致、细密的图案形状可增加空间的亲切感（图 4-99）。在铺装材料的尺寸方面，通常大空间中使用大尺寸的花岗岩、抛光砖等板材较多；而中、小尺寸的地砖和小尺寸的玻璃马赛克更适用于一些中、小型场地空间。

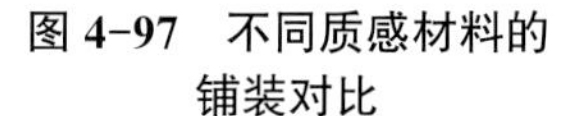

图 4-97 不同质感材料的铺装对比

图 4-98 大尺度的铺装图案

图 4-99 小尺度的铺装图案

（2）生态性原则。在进行景观地面铺装时，除了要使铺装美观且富有艺术性外，还要满足生态性要求，注重景观铺装的生态效应，达到功能性、艺术性和生态性的完美结合。

铺装景观通常由大面积的硬质界面构成，割裂了生态的竖向循环，如雨水的循环等，原先场地的自然状态也因人工硬质地表的介入而被分割。因此，在景观铺装设计的过程中应当注意适当留缝、铺沙或镶嵌绿草等，使自然元素渗透到硬质界面中（图 4-100）。

图 4-100 石板嵌草铺装

另外，要重视生态环保材料的应用，多应用透水、透气的环保铺地材料。非透水性铺装完全阻断了自然降雨与路面下部土层的连通，使城市地下水源得不到及时补充，会严重破坏地表土壤的动植物生存环境，以及大自然原有的生态平衡。生态透水性铺装包括透水性沥青铺装、透水性混凝土铺装及透水性地砖铺装等，鹅卵石地面铺装也是透水性铺装的一种。

2. 地面铺装的设计要点

具体的铺装设计过程涉及很多方面的内容，如材料种类及特性、施工要求、道路规范等。设计适宜的道路铺装除了要遵循一些大的原则外，还要注意一些设计要点。

（1）了解不同铺装材料的特性。不同铺装材料具有不同的物理特性，如混凝土硬度高、无弹性、热量吸收率低，花岗岩坚硬密实、能抛光、易于清洁等。材料也具有不同的感知特性，大面积的石材铺装让人感觉庄严肃穆，砖铺地可使人感到温馨亲切，富有人情味，石板路可给人一种清新自然的感受，卵石铺地富于情趣等。只有了解这些特性才能合理选用铺装材料，并形成空间的特色。材料的这些特性也决定了它们适用的空间类型。

（2）铺装材料及铺砌方式要统一，不宜变化太多。道路铺装要整齐、简洁。一条园路用同一种形式的铺装较好，同一条园路上不宜有太多的铺装变化，要服从整体的空间需要。一个空间中所用的铺装材料及拼砌图案也不要过多，材料变化过多或者过于烦琐复杂的拼砌图案容易造成杂乱无章的感觉。

（3）要注意铺砌图案的尺度。对于一个大型场地来说，大的铺砌图案要与空间尺度吻合，以形成空间大的结构，但要注意大尺度的铺装图案通常是由小的铺装纹理组成的，这样就可以让场地铺装在不同观赏尺度内都是充实的（图 4-101）。

（4）要充分考虑施工要求。好的铺装效果最终是通过施工实现的，因此在注意铺装美观性的同时，还要考虑施工方面的问题。如铺装材料相互衔接时应尽量不要以锐角的形式相交，过于尖细的角不方便铺砌，也会产生不好的视觉效果。两种大面积铺装相交时宜采用第三种材料进行衔接和过渡。块料路面的边缘要加固，通常在路面边缘加侧石或者改变拼砌方向以对路面加强保护（图 4-102），同时不要设计太烦琐的花纹样式，以免增加施工的难度。

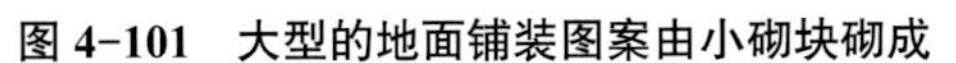

图 4-101　大型的地面铺装图案由小砌块砌成

图 4-102　园路的铺装形式

第五节　道路

道路是环境中重要的景观元素，它形成了空间的骨架，把景观中各个部分连成整体。道路是因交通的需求而产生的，它属于一种线型的空间形态，因功能需求而形成不同的级别。道路既包括城市车行路，也涵盖各类供人行的交通空间，是人们最常利用和接触的空间形态。道路景观直接关系到人们对城市环境的整体印象。

一、道路的功能与组成

1. 道路的功能

道路是景观空间中联系各个功能区域并为车辆和行人提供通行往来方便的通道。它不仅是场地内人、车通行的物质基础条件，通常也是给排水、供暖、电力、电信等市政设施的铺设通道。它在划分用地、解决交通的同时为人们提供了更多的活动空间。

2. 道路的组成

道路解决的主要是交通问题，但其除了交通路面外道路还包括很多附属空间及设施。道路包括机动车道、非机动车道、人行步道、隔离带、绿化带，以及道路的排水设施、照明设施、地面线杆、地下管道等构筑物，还包括停车场、交通广场、公共交通站场等附属设施（图 4-103）。并非所有的道路都包含这些内容，道路的组成是由道路的级别决定的，不同级别的道路意味着不同的组成内容；道路的使用要求不同，道路的组成也有所不同。

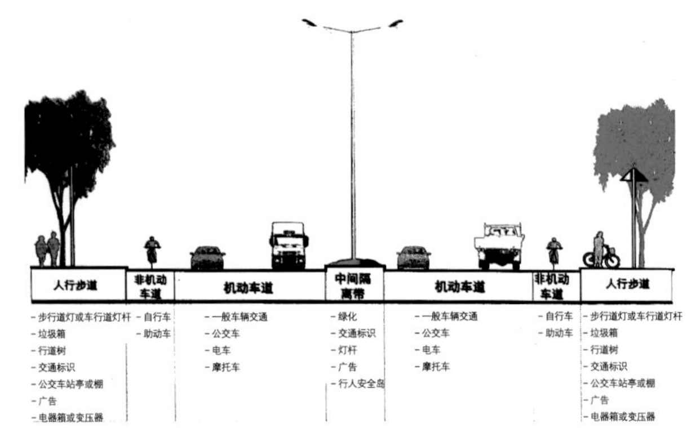

图 4-103　城市道路分区断面示意图

二、道路的分类

道路系统有着严密的分级，各种级别的道路连通构成道路网络。按照在城市道路系统中的地位和性质，在每一种尺度的空间中，道路都要明确分级，如整个城市道路系统可分为快速路、主干道、次干道、支路；小范围的居住区道路系统可分为居住区级道路、小区级道路、组团级道路、宅前路等；如果放到更小尺度的场地中，道路同样要进行分级设计。这里只对大区域内城市的道路系统进行介绍，其他小区域内的道路是城市道路的分支和延续，如居住区道路将在分类景观中涉及。

1. 快速路

快速路是指用来解决城市和周边地域的长距离交通问题，供车辆快速行驶的交通道路。快速路常采用封闭式的交通组织，并控制出入。道路不少于四条车道，中间隔离带分离对向车流，不设非机动车道和人行步道（图 4-104），周边严禁设置各种公共建筑的出入口。

图 4-104　城市快速路

2. 主干道

主干道是指以联系城市主要分区为主的交通干道，是城市的交通动脉。主干道两侧可以设置非机动车道，并进行一定的隔离，设置隔离带。城市主干道两侧不宜设置过多的公共建筑出入口，以免造成交通的混乱。

3. 次干道

次干道是指设置在主干道之间用来解决区域内交通问题的城市道路，它兼有一定的服务功能。次干道广泛联系城市的各个区域，和主干道组成城市主要的交通路网。次干道应包括机动车道、非机动车道以及人行道，在次干道两侧可以设置各种公共建筑物及其出入口，它通常是城市大型商业区聚集的地方。

4. 支路

支路是次干道的下一级道路，是用来联系次干道和街区的道路，解决局部区域的交通问题。其服务功能和交通功能并重，相对来说是偏重生活性的道路，人流密度较大。支路两侧常设置各类建筑，通常是小型商业区的聚集地。

三、道路设计的原则

1. 功能性原则

道路设计首先要满足各种车辆和人的交通要求。道路是给车辆和人提供通行空间的设施，所以要根据场所的要求合理安排人流和车流，包括一些特殊情况下的车辆通行问题，如消防车、救护车、垃圾车等的通行。在考虑交通便捷的同时还要考虑安全等问题，科学合理地进行道路设计和组织。另外，道路布置要与绿化、公共设施、工程技术设施等统一、协调，以创造高质量的道路景观。

2. 整体性原则

不论是大区域还是小场地的道路设计都应该遵循整体性原则，也就是说道路设计除了对道路本身的设计外更是对路网的设计，道路分级要明确，利用各种级别的道路组成一个有机整体。道路网络的建立要以合理的功能布局为前提，如此道路系统才能真正发挥其应有的作用。

3. 节约道路用地的原则

道路设计在满足交通要求的同时还要尽量减少道路用地面积，不能无限制地设置过多、过密的路网。这就要求道路必须短捷，当然这还要根据具体的道路级别及性质来定，如交通运输型道路要尽量便捷、顺直，而景观园路就不一定直来直去。另外，路面宽度也要根据道路的级别和性质合理制定，要考虑车流量或者是人流量的大小。

4. 尊重和利用现有地形条件的原则

地形对于道路设计有很大的影响，它可以影响道路的走向和坡度。在进行道路设计时首先要了解原有地形条件，在满足道路设计标准的前提下合理利用地形，尽量减少土方量，减少工程造价。不能把所有地形的道路都建成平直的，合理改造和利用地形特点可以营造极具特色的道路景观。

5. 美观的原则

道路设计不仅是路面的设计，还是对整个道路空间的设计，包括各种设施及绿化带等。所以在满足道路使用功能的前提下，创造高质量的道路景观很重要，要让道路空间成为人们交流活动的场所（图 4-105），它直接影响着人对整个城市环境质量的判断。

图 4-105 某城市道路景观

四、道路交叉口的设计

1. 道路交叉口的基本形式

同一平面的两条道路相交，就形成了道路交叉口。交叉口是车辆、行人汇集、转向和疏散的必经之地，为交通的咽喉。因此，正确设计道路交叉口，合理组织、管理交叉口交通，是提高道路通行能力和保障交通安全的重要途径。道路交叉口的形式要根据道路级别、道路布局确定，可具体分为十字形交叉口、X 形交叉口、T 形交叉口、错位交叉口、Y 形交叉口、复合式交叉口六种形式（图 4-106）。

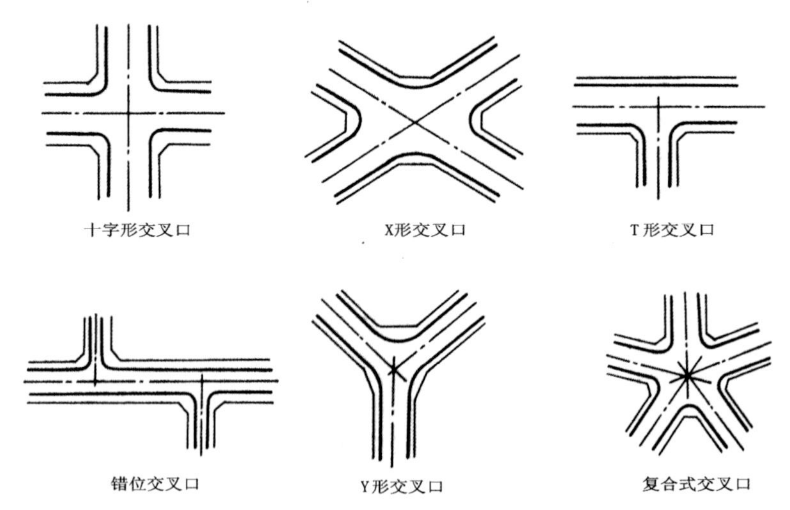

图 4-106 道路交叉口的不同形式

2. 道路交叉口的转弯半径

为了保证车辆转弯时的安全、流畅，道路在交叉口的缘石应做成圆曲线形式，圆曲线的半径称为缘石（转弯）半径。缘石半径的大小要根据道路级别、车速以及通行车辆的种类而定；不同车型的转弯半径是不同的（图 4-107），设计时要按照车辆的最小转弯半径设定。一般城市主干道转弯半径可设定为 20 ~ 25 m，次干道转弯半径可设定为 10 ~ 15 m，支路转弯半径可定为 6 ~ 9 m。

3. 道路交叉口的安全视距

交叉口是车辆、人流汇集的区域，需要保证驾驶员有良好的视野，尤其是交叉道路上的路况，这就涉及安全视距的问题。图 4-108 中的斜线阴影区为视距三角形，在此范围内不能设置任何影响驾驶员视线的突出物，如景观雕塑、绿化、广告牌等，以保证安全视距。

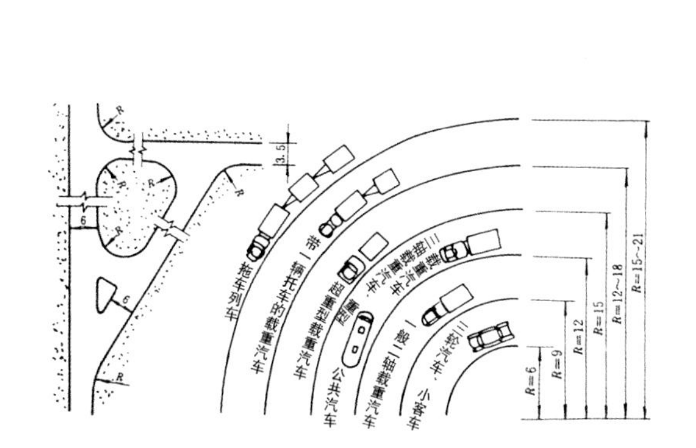

图 4-107　不同车型的转弯半径　（单位：m）

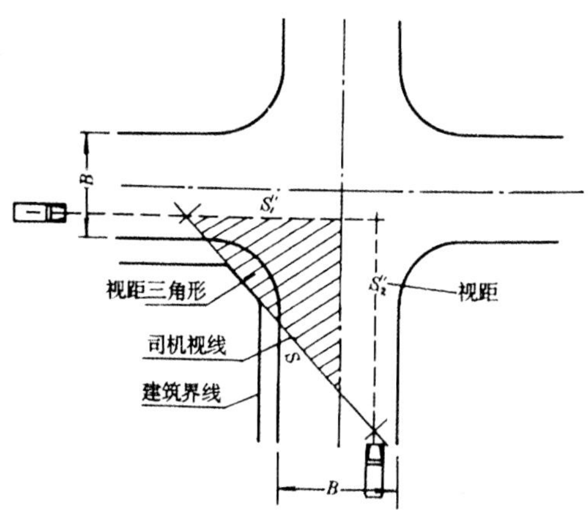

图 4-108　交叉口的安全视距

五、道路横断面的设计

道路是具有一定宽度的带状空间。沿道路宽度在垂直道路中心线的方向上所做的剖面称为道路横断面。

1. 道路横断面的形式

城市道路横断面的基本形式有四种，俗称为一块板、两块板、三块板和四块板等（图 4-109）。一般应根据道路的性质、等级，并考虑机动车、非机动车、行人的交通组织以及城市用地等具体条件，因地制宜地确定道路横断面的形式，而不应受四种基本形式的限制。

（1）一块板。道路由一块连续的路面构成，所有的车辆都在同一条路面上行驶，对向混行，适用于路幅较窄的道路。

（2）两块板。两块板是由中间一条分隔带将车行道分为单向行驶的两条车行道，机动车与非机动车仍为混合行驶，适用于机动车流量较大而非机动车较少的道路。

（3）三块板。三块板有两条分隔带，把车行道分成三部分，中间为机动车道，两旁为非机动车道，主要用于城市机动车和非机动车流量均较大的道路。

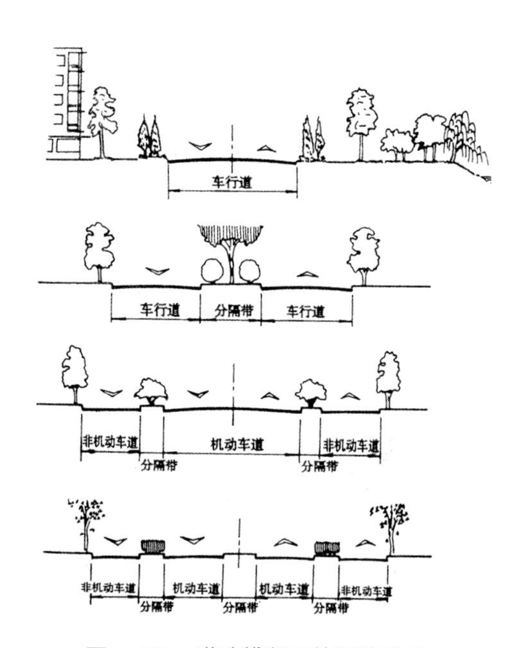

图 4-109　道路横断面的四种形式

（4）四块板。四块板是指道路有三条分隔带，把车行道分成四部分，中间的分隔带区分双向机动车道，两侧的分隔带分隔机动车道和非机动车道。

2. 道路横断面的设计要点

道路横断面设计的主要任务是在满足交通、环境、公用设施管线敷设以及排水要求的前提下，经济合理地确定各组成部分的宽度及相互之间的位置与高差。

（1）车道宽度：

①机动车道。道路上供车辆行驶的部分称车行道。车行道由数条车道组成，在车行道上供单一纵列车辆安全行驶的地带，称为一条车道。机动车车道的宽度取决于车辆外廓的宽度、横向安全距离，以及不同车速行驶时的车辆摆动宽度等。通常情况下，主干道和高等级公路上的小型车车道宽度宜采用 3.5 m，大型车车道或混合行驶车道宽度则采用 3.75 m，供沿边停放车辆的道路宽度为 2.5 ~ 3.0 m。

②非机动车道。非机动车道是给自行车、三轮车等提供通行空间的车道。在一块板的道路两侧，自行车单车道宽 1.5 m、双车道宽 2.5 m、三车道宽 3.5 m。单独设置非机动车道，宽度可为 4.0 m、5.0 m、6.5 m、8.0 m 等。

③人行道。人行道是提供行人通行空间的路面。步行道的宽度和行人及行道数有关，一条步行道的宽度一般取 0.75 m，在人行交通密集处可采用 0.85 ~ 1.0 m。人行道一般不应小于两条步行道的宽度。另外要注意车行道两侧的人行道通常要高出车行道 8 ~ 20 cm。

（2）道路的横向坡度。道路设置横向坡度是为了路面的排水。有一定的横坡，雨水可以有组织地迅速流入排水沟，但是横坡坡度太大则不利于交通。车行道一般采用双向坡面，由道路中心线向两侧倾斜，形成路拱。根据不同路面类型，路拱坡度为 1% ~ 4%。非机动车道横坡坡度以 1.5% ~ 2.5% 为宜。人行道横坡采用直线型，向路缘石方向倾斜，其横坡坡度根据铺装材料不同可为 1% ~ 2%。

六、道路纵断面的设计

道路中线是一条起伏的空间线，反映道路竖向的走向、高程、纵坡大小等。沿道路中线竖向剖切道路所得称为道路的纵断面，它反映了道路的起伏状况。

城市道路的纵断面，是综合考虑城市规划要求及地形、地质情况，以及路面排水、工程管线埋设等因素后确定的一组由直线和曲线组成的线形组合。在一般情况下，机动车道的最大纵坡不宜超过 8%；非机动车道路的坡度不宜超过 2.5%，大于 2.5% 时，应限制其坡长；人行道的纵坡应与道路纵坡一致，当坡度超过 8% 时，应设置粗糙路面或者踏步，以保证行人安全（图 4-110）。

图 4-110 人行道的纵断面坡度

第六节 公共设施

公共设施是指城市环境中设置的具有特定功能、为环境所需要的各种地景设施，并且是由政府提供、属于社会公众享有或使用的公共物品，通俗地讲就是城市中的环境小品，城市景观中的公共“生活道具”。

公共设施和艺术品的设计是多种设计学科结合的工作，是景观设计、视觉传达设计、工业造型设计和雕塑创作的结合。

一、公共设施在环境设计中的意义

公共设施与城市的社会环境、经济环境、人文文化环境有着较为密切的联系。公共设施的设计应考虑其与城市景观中的其他元素的关系，如道路、建筑、植被等，只有进行整体设计，才能更好地实现公共设施的功能。

公共设施在环境设计中的意义如下：

（1）公共设施满足环境功能层面的要求，为环境中的人提供舒适和方便（图 4-111）。

（2）在美学上，良好的设施造型可以丰富空间形态，提高环境视觉质量。现代设计中，导向标识的设计已成为景观设计中的重要内容，导向标识的形式应与景观设计的风格统一。

（3）公共设施可以增强环境的魅力和吸引力，可以赋予空间环境以活力，提供人们进行户外活动的可能性（图 4-112）。

（4）公共设施在一定程度上是社会经济、文化的载体和映射（图 4-113）。

（5）公共设施能增强环境的可识别性，塑造环境空间的个性。图 4-114 为拉·维莱特公园中的景观构筑物，由于这些构筑物从外形上看可以登上顶端，但其设计中没有设置通达顶端的道路，吸引了大量好奇的人群来此探索，增加了该景观小品的趣味性。

二、公共设施的分类

公共设施多种多样，任何空间都少不了公共设施，按照使用性质的不同可将其分为服务系统设施、景观系统设施和照明系统设施。

1. 服务系统设施

（1）信息设施。信息设施是主要进行各种信息展示和传播的设施，包括以传达视觉信息为主体的标志设施、广告设施和以传达听觉信息为主的声音传播设施（图 4-115 和图 4-116），在景观空间中具体表现为标识牌、宣传栏、电话亭等。

（2）卫生设施。卫生设施是为保持城市市政环境的卫生清洁而设置的具有各种功能的卫生设施，它既反映了人们对环境卫生的重视，也是设计人性化的重要体现。其布置要充分考虑人的流线和行为习惯，具体形式有垃圾箱、饮水器、公共厕所等（图 4-117 和图 4-118）。

（3）休息设施。休息设施是用来提供短暂休息的设施，它最能体现对人的关怀。环境的舒适度和友好度主要通过休息设施体现。设置时要考虑环境中人的行为心理，使其发挥最大的效用。休息设施以座椅为主（图 4-119），可以单独设置座椅，也可以和其他设施结合设置（图 4-120）。

图 4-111　候车亭

图 4-112　儿童娱乐设施

图 4-113　纪念性景观设施

图 4-114　景观构筑物

图 4-115 标示牌　　图 4-116 电话亭　　图 4-117 垃圾箱

图 4-118 流动厕所　　图 4-119 坐凳　　图 4-120 坐凳结合树池设置

（4）游乐设施。游乐设施主要用来休闲娱乐和进行各种健身活动。它可以给环境注入活力，增加人气。游乐设施可分为游乐类设施和健身类设施。游乐类设施包含滑梯、戏水池、秋千、攀登架等，主要针对儿童设置（图 4-121）；健身类设施种类更多，大多为成年人提供。

（5）交通设施。交通设施是为满足交通和保证交通安全而设置的环境设施。其种类很多，具体形式有道路护栏、候车亭、停车棚等（图 4-122）。

（6）商业设施。商业设施是指带有商业活动色彩的设施，主要运用在商业类室外空间中，如商业步行街等，可以给人提供方便，增进环境的氛围和吸引力（图 4-123）。

图 4-121 儿童攀缘设施　　图 4-122 候车亭　　图 4-123 售货亭

2. 景观系统设施

（1）建筑小品。建筑小品是营造景观空间的重要元素，优秀的建筑小品能成为景观空间的视觉焦点（图 4-124、图 4-125）。建筑小品除了实现其使用功能，还应进行视觉上的艺术处理。其设计应该与空间环境融合，符合整个大环境的气氛。景观中建筑小品的具体形式有各种构筑物、休憩亭、廊架、柱、围墙、大门等。

（2）绿化设施。绿化设施是用来装饰空间并进行绿化种植的设施。它在景观中被广泛使用，能提高空间的绿化率。景观中的绿化设施包括树池、种植器、盆景、花坛等，它们分别适用于不同的空间。树池主要解决广场、街道等硬质铺装中的树木栽植问题（图 4-126 和图 4-127）；种植器是进行绿化种植的容器，有花钵、花盆等形式（图 4-128 和图 4-129）；花坛是由花卉组成并形成一定图案的花池（图 4-130），常用于街道、广场、大门入口等处的装饰。

（3）景观雕塑。景观雕塑是装饰美化环境的室外雕塑。雕塑的风格、形式、体量、材质等应和整体环境协调，但也要追求独特的视觉效果，为环境增色（图 4-131 至图 4-134）。

图 4-124　地下通道入口

图 4-125　景观构筑物

图 4-126　树池

图 4-127　灌木池

图 4-128　种植器

图 4-129　路边景观绿化

图 4-130　花坛

图 4-131　城市景观雕塑

图 4-132　景观雕塑

图 4-133　大雁塔广场中的景观雕塑

图 4-134　石雕景观小品

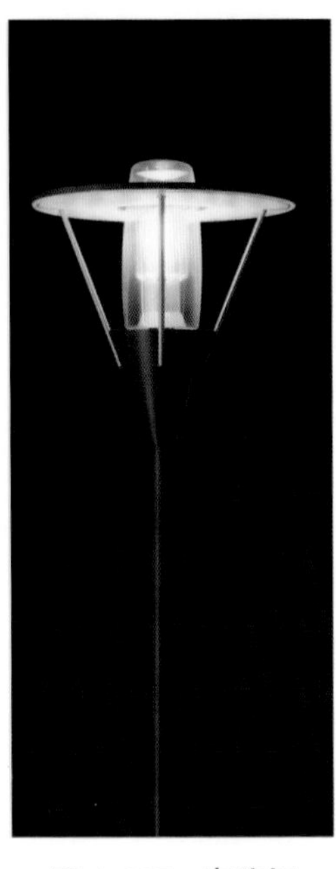

图 4-135 庭院灯

3. 照明系统设施

景观的夜景照明非常重要，夜景照明就是用灯光创造夜景效果。白天的景观因为日照光线相对固定，而且是匀质的照射，其景观效果是写实的；人工光下的景观相对是写意的，可以通过灯光突出景观的主要特点，也可以弱化某些特征，给了设计师很大的主动性。

景观夜景照明是通过各种照明设施完成的，照明设施是提供环境照明的装置。其功能性非常强，涵盖的设施比较固定，主要是各种类型的照明灯具。

（1）庭院灯。庭院灯是最常见的一种灯杆照明形式。下部有灯杆支撑，灯具设置在顶端，高度通常在 3 ~ 5 m（图 4-135），主要用于庭院、公园、街头绿地、街道两侧、居住区或大型建筑物前。灯具光源的功率并不大，可以用节能灯、钠灯等光源。庭院灯在某些场所的设置要注意防止眩光和光污染，如在居住区，要限制灯具配光，避免把环境照得过亮或者直接照射住户室内。

（2）草坪灯。草坪灯一般设置于绿地边缘，灯具高度较低，大约在 0.5 ~ 1 m，属于低位置路灯，配合庭院灯使用（图 4-136 和图 4-137）。草坪灯的样式繁多，有些草坪灯还演化出各种变体，更加注重景观效果（图 4-138）；有些则赋予了草坪灯其他的功能，比如有些低位置灯做成座凳的形式，除了提供照明外，还可以用于短暂休息（图 4-139）。草坪灯使用的光源功率低，以节能灯为主。使用时要注意防止眩光和对光源的保护。

（3）地埋灯。地埋灯的灯体嵌入地面以下，只留出光口露出地面。地理灯不容易被发现，能够保持地面的平整统一，并且不会影响地面交通，多用于广场、商业街等硬质地面，用来提供交通导向或者进行投光照明（图 4-140 和图 4-141），形成独特的灯光效果。

图 4-136 草坪灯

图 4-137 草坪灯

图 4-138 “小鸟巢”灯

图 4-139 景观路灯

图 4-140 广场上的方块形地埋灯

图 4-141 地埋灯用于投光照明

（4）高杆灯。高杆灯有很高的灯杆支撑，高度一般在 30 ~ 35 m，顶部设置组合投光器（图 4-142 和图 4-143），主要用于广场、街道、立交桥等开阔场地的大面积照明。光源功率较高，常用高压钠灯、高压汞灯等。

（5）道路照明灯。道路照明灯是指用于城市道路两侧照明的灯具。高度在 15 m 以下，照明器安装在灯杆顶部，沿道路延伸布置灯杆（图 4-144）。一般运用于城市道路、景观道路、桥梁、停车场等。道路灯具按光强分布可分为截光型、半截光型和非截光型。

图 4-142 高杆灯

图 4-143 奥体公园中的高杆灯

图 4-144 道路照明灯

本章小结

本章讲述了景观空间设计造型元素相关内容，旨在帮助学生系统地了解景观设计的要素，掌握景观设计的应用方法。

思考与实训

1. 简述景观设计中地形地貌的判定方法。
2. 运用景观设计要素设计所在校园的一处景观改造方案。

CHAPTER FIVE

第五章 景观设计的条件与程序

知识目标

加深对景观设计相关理论知识的认识。

能力目标

1. 了解景观设计的条件有哪些。
2. 掌握景观设计的程序。

第一节 景观设计的条件及限制

一、景观设计的条件

1. 景观场地的地理特征

景观场地的地理特征，即场地的自然环境，由地形地貌、气候、水文等要素构成，在不同方面以不同的方式对场地景观产生影响。

场地中的地形条件对景观道路的走向、功能布局以及建筑的布置形态等都会产生很大影响，在景观设计中应该予以充分考虑。场地地形可大体分为山地、丘陵和平原三类，其地貌特征是通过地形图表达的，地形图是按照一定比例缩制的投影图，它用简明、准确、统一的符号和标记表达景物的平面位置和地貌的高低起伏形态。

景观场地的气候条件与景观设计也有密切关系，只有充分了解当地的气候条件才能更好地创造宜人的生存环境。气候条件主要涵盖太阳辐射、风向、温度、降水等。场地建筑物的最低日照要求一般需满足冬季每日一定时间的日照，这与建筑物的性质和使用对象有关。根据我国有关技术规范的规定，居住建筑的日照标准与所处气候分区及其所在城市的规模有关，一般不宜低于大寒日照 1 h 的标准。风向对场地也有多方面的影响，在景观图中可通过风玫瑰图表现（图 5-1）。风玫瑰图是在极坐标底图上绘出的某一地区在某一时段内各风向出现的频率或各风向的平均风速的统计图。前者为“风向玫瑰图”，后者为“风速玫瑰图”，因图形似玫瑰花朵而得名。在风向玫瑰图中，频率最高的方位表示该风向出现次数最多。最常见的风玫瑰图是在一个圆上引出 16 条放射线，它们代表 16 个不同的方向，每条直线的长度与这个方向的风的频度成正比。有些风玫瑰图上还会指示各风向的风速范围。每一个城市仅有一个风玫瑰图。

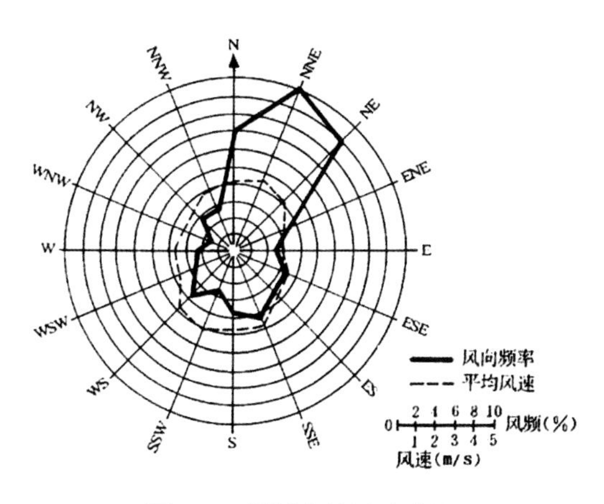

图 5-1　某城市的风玫瑰图

景观场地的水文条件及江、河、湖、海和水库等地表水体的状况与景观设计有着直接关系。水体可以美化环境、提供水上交通、影响环境小气候。在进行场地设计时要考虑各种水体，如江、河、湖泊等的洪水位，合理设计堤岸形式。

2. 景观设计的现状条件

设计时首先要分析景观现状建筑物、构筑物的情况，包括现状建筑的性质、质量以及利用情况，公共服务设施与市政设施的现状条件等。此外还要考虑周围的建筑情况，以及周围建筑区域内建筑的关系。设计区域内的文物古迹是重要的文化遗产，应予以重点考虑，既要进行合理保护，又要使之与整体环境协调。

区域内的环境状况对景观建设及设计影响很大，设计者应充分认识环境状况，包括是否有废水排放、是否有噪声污染等，通过工程手段或者空间手法予以改善，以提高整体环境质量。比如噪声污染问题，城市噪声主要来源于城市交通、工业生产等，设计中可以通过地形的变化、建筑的布局、设置绿化隔离带及人工隔离墙等手段减少噪声污染。

另外，还应充分调查当前的绿化和植被状况并进行分析，充分保护和利用有益的植被资源，这有助于整体环境生态的保护和延续，切忌盲目地进行区域内的绿化设计。

二、景观设计中的限制

1. 用地限制

（1）建设用地边界。建设用地边界是指设计区域的最外围边界线，它限定了土地使用的空间界线和范围。当用地边界线内有道路或市政设施时，应首先保证其正常使用。

（2）道路红线。道路红线是城市道路（含居住区级道路）用地的规划控制线（图 5-2）。即道路横断面中各种用地总宽度的边界线，包括车行道、步行道、绿化带、隔离带等部分。任何单位和个人不得占用道路红线进行建设；沿道路红线两侧进行建设时，退让道路红线距离除必须符合消防、交通安全等各相关规定的要求外，还应符合城市规划管理的技术规定。

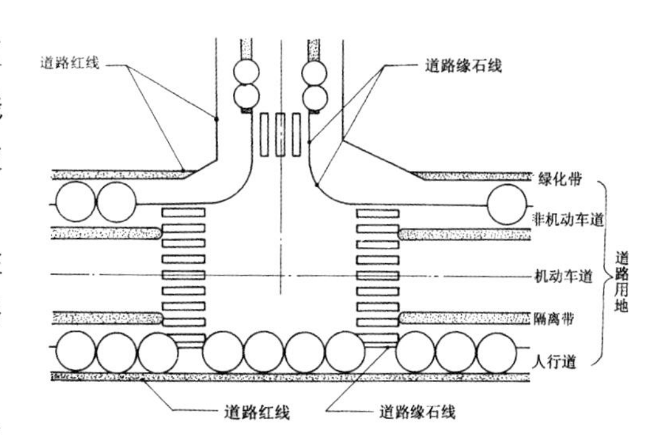

图 5-2　道路红线与道路用地示意图

（3）建筑红线。建筑红线，也称“建筑控制线”，指城市规划管理中控制城市道路两侧沿街建筑物或构筑物（如外墙、台阶等）靠临街面的界线。任何临街建筑物或构筑物不得超过建筑红线。它可与道路红线重合，也可退于道路红线之后，但绝不允许超越道路红线，在红线内不允许建任何永久性建筑。

（4）用地面积。用地面积是指经城市规划行政主管部门批准的用地范围内的土地面积，其常用单位为公顷（hm^2）。

2. 密度和容量限制

（1）建筑密度。建筑密度是指项目用地范围内所有建筑物的基底总面积与规划建设用地总面积的百分比。建筑密度即建筑的密集程度，反映了土地的使用效率。建筑密度越大说明建筑占地面积越大，建筑之间的空间越小，用于室外绿化的土地越少。所以建筑密度与室外环境质量有关。

（2）容积率。容积率是项目用地范围内总建筑面积与项目总用地面积的比值。其中总建筑面积是指用地范围内的各类建筑面积的总和。容积率的大小反映了土地利用强度及其利用效益的高低，是控制场地开发建设最重要的技术经济指标之一。容积率代表单位面积土地上所负载的建筑面积，容积率的增大势必带来高的建筑密度或者建筑层数的提高，从而影响整个区域的采光、通风和绿化建设，所以容积率在一定程度上反映了区域环境质量的高低。

3. 绿化限制

（1）绿化覆盖率。绿化覆盖率是指绿化植物的垂直投影面积占用地总面积的百分比。绿化植物的投影面积中乔木、灌木按照树木成材后树冠的垂直投影面积计算，多年生草本植物按占地面积计算。楼顶的绿化不算在绿化覆盖率之内。

（2）绿地率。绿地率是指场地内各种绿地面积的总和占场地面积的百分比。在计算绿地率时，对绿地的要求非常严格。场地内的绿地包括公共绿地、宅旁绿地、服务设施所属绿地及道路绿地等。对公共绿地最低的要求是宽度不小于 8 m，面积不小于 400 m^2，该用地范围内的绿化面积不少于总面积的 70%，且至少 1/3 的绿地面积要能常年受到日照，而宅旁绿地在计算时距建筑外墙 1.5 m 以内和道路边线 1 m 以内的用地，不得计入绿化用地。此外，还有几种情况也不能计入绿地率的绿化面积，如地下车库、化粪池等。这些设施的地表覆土一般达不到 3 m 的深度，在上面种植大型乔木成活率较低，所以计算绿地率时不能计入绿化面积中。

第二节 景观设计的程序及方法

一个好的设计依靠的不仅仅是良好的构思或是灵感，还有观察、研究、思考后进行的决策。景观设计过程是理性分析和感性创造的结合，景观设计师应尽量寻求一种理性分析决策和调动自身感性情绪的最佳结合方法，总结出合理、科学的设计程序及方法。

一、景观设计方法及程序的含义

景观设计流程

广义的景观设计方法及程序是指在从事一个景观设计项目时，设计者从策划、实地勘察、设计、和甲方交流思想至施工、投入运行、信息反馈等一系列工作的方法和顺序。

狭义的景观设计方法及程序主要是指设计师在进行设计时，自身对项目的现行状况进行理性和有步骤的分析和决策，最后形成设计方案的过程，是一种思维活动的规律，其主体是设计师。

狭义的设计程序包含在广义的设计程序之中，它是设计师在头脑中形成结论的过程。广义的设计程序则复杂得多，它除了包括设计师的思维过程外，还包含设计师和甲方、施工方、使用者相互交流的过程，这一过程的主体是设计师、甲方、策划方、施工方和使用者的综合体。

二、景观设计的程序

1. 策划的形成

约翰・O. 西蒙兹认为景观设计应从策划的形成开始。景观设计师首先要理解项目的特点，编制一个全面的计划，经过调查和研究，组织起一个准确翔实的要求清单作为设计的基础，最好向业主、潜在用户、维护人员、同类项目的规划人员等所有参与人员咨询，然后寻找适当的历史案例，前瞻性地预测新技术、新材料和新规划理论的发展。

2. 场地分析

场地分析其中最为主要的是通过现场考察对资料进行补充，尽量把握场地的感觉、场地和周边环境的关系、现有的景观资源、地形地貌、树木和水源，归纳出需要尽可能保留的特征和需要摈弃或改善的特征。场地分析中包括以下几个方面的内容：

（1）区域影响。通常将项目场地在地区图上进行定位，并对周边地区、邻近地区的设计环境进行粗略调查。

（2）项目场地。借助地形测绘和场地调查深入了解场地的特征。

（3）地形测量。测绘部门或测量师应提供一定比例的地形图，以及相应的说明书。

（4）场地分析图。设计师将地形测量图带到现场，进一步考察现场，补充和记录对设计至关重要的信息。

3. 概念规划

在概念规划这一过程中至关重要的是多专业的合作，景观设计师与建筑师、工程师相互启发和纠正，细致地研究建筑物、自然和人工景观的相互关系，最终形成统一的设计方案。组织者应在进行各方面协调的同时，在主题设计思想下尽可能地予以协助。

4. 影响评价

影响评价是指在所有因素都予以考虑之后，总结这个开发项目可能带来的问题以及针对这些问题可能的补救措施、所有项目创造的积极价值，以及设计过程中的加强措施、进行建设的理由等，如果负面作用过大，则应该提出相应的改进意见。

5. 综合

综合是指在草案研究基础上，进一步对它们的优缺点以及收益做分析比较，得出最佳方案，并转化成初步规划和费用估算。

6. 施工和使用运行

施工和使用运行是指景观设计师对景观的施工和使用进行充分监督和观察，并注意使用效果和反馈意见。

这种设计流程有较强的现实指导意义，但要灵活运用，不能盲目套用。在具体的景观设计过程中，可以适当地简化或合并其中的步骤，缩短设计周期和运作时间，以便更加高效地完成设计任务。

三、景观设计的内容和方法

1. 概念设计

在设计之初，要进行充分的基地调查和综合分析，在明确景观设计原则和目的的前提下，提出设计理念，然后围绕这一理念展开具体设计并实现它。

概念设计阶段除了提出设计概念外，应关注的最主要问题是平面功能布局和空间形象构思，并以图解的形式加以表达，画出景观设计概念草图和分析图，这些图通常用线条徒手勾勒，图面应简洁、醒目、重点突出，可配以简要的文字说明。要注意的是，不论什么类型的景观，前期的概念设计都是非常重要的，它在很大程度上决定了最终设计质量的高低。

平面功能布局是根据用地的使用性质和人的行为特征，对场地进行功能的分区（图 5-3）。景观空间基本表现为“动”与“静”两种形态，具体到一个特定的场所，动与静的空间形态又转化为交通空间与使用空间，可以说景观设计的平面功能分析主要是研究交通空间与使用空间的关系。景观的空间形象构思是在平面布局的基础上设想整个空间的构成关系；在概念设计阶段，空间构思与平面布局设计是相辅相成的。

2. 方案设计

方案设计是设计思维的进一步深入，主要对景观平面图的具体功能布局以及空间形象进行调整、深化，使之更加明确（图 5-4）。景观平面图、剖面图、立面图和透视图是方案设计阶段图面表达的重点。方案图可通过徒手绘制或计算机绘制。一套完整的方案设计图，应该包括景观总平面彩图、剖立面图、景观示意图、设计分析图、效果图以及简要的设计说明。

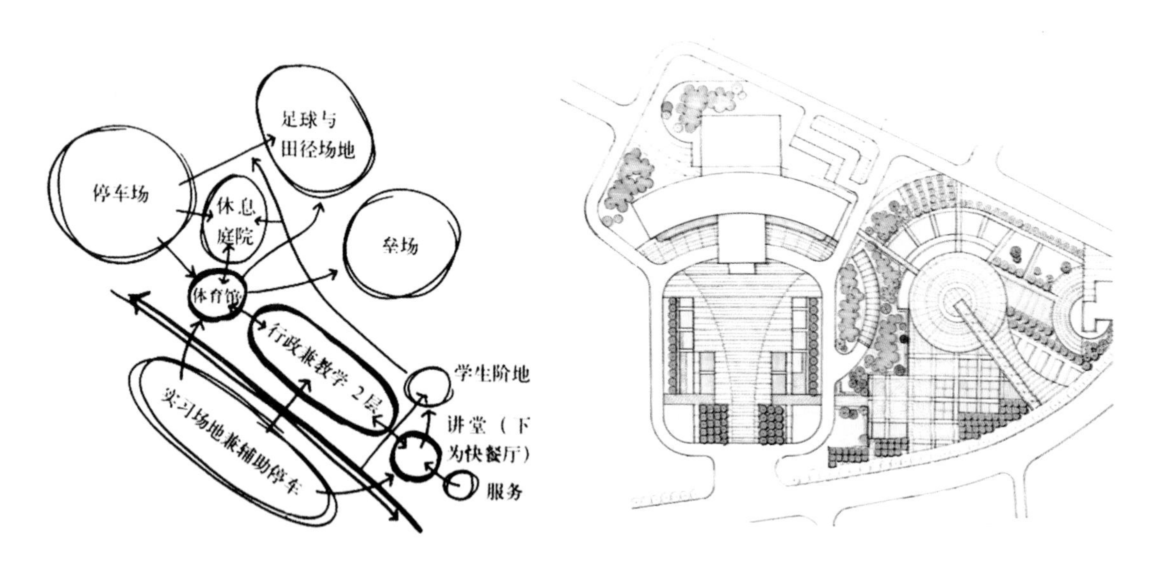

图 5-3 某平面功能分析图

图 5-4 某广场方案设计平面图

3. 扩初设计

一旦方案设计确定下来，就要对整个方案进行各方面的详细设计。这是对方案的深化，也是对原来方案的调整。一套完整的方案扩初图涵盖各个方面的内容。主要包括：

（1）总平面图，包括分区平面范围、主要剖面位置、主要景点名称、功能区公共设施名称等（图 5-5）。

（2）植物布置图、种植图、树木品种与数量的统计表。

（3）景观的管线布置图，包括灯光、给排水等。

（4）景观地形图，包括等高线、地形排水、道路坡度、节点标高、小品标高等。

（5）主要建筑物和各种小品（亭、廊架、水景、花坛、景墙、花台、喷水池等）的平面图、立面图、剖面图和特殊做法，并标注尺寸（图 5-6）。

（6）道路、广场的铺装材料和铺装图案，配合节点图进行标注说明。

4. 施工图设计

景观扩初方案通过后，可进入施工图设计阶段。施工图是建设施工依据的图样，绘制要准确、标准。

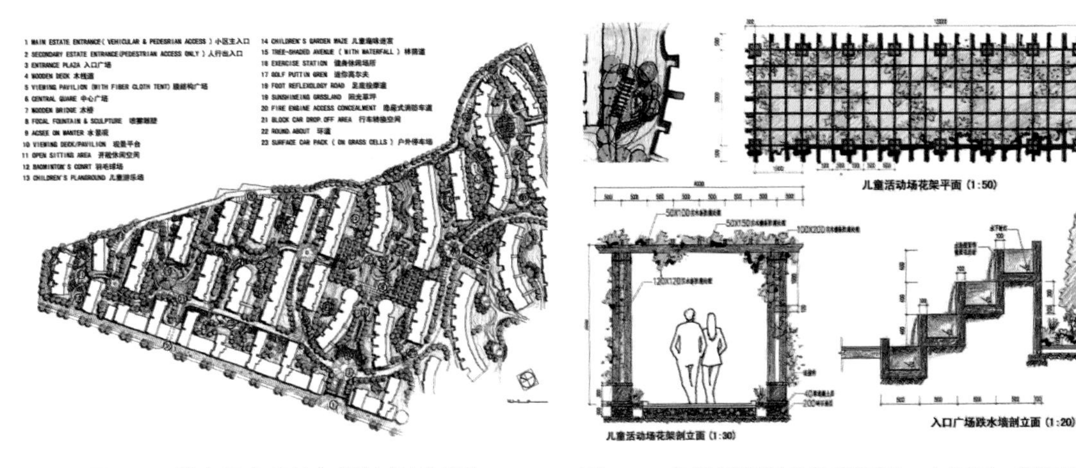

图 5-5　某小区方案扩初设计总平面图　　　　图 5-6　各种景观设施的平面图、立面图、剖面图

施工图具有图纸齐全、表达准确、要求具体的特点，是进行工程施工、编制施工图预算和施工组织设计的依据，也是进行技术管理的重要技术文件。一套完整的景观施工图一般包括：

（1）景观总平面图、详图索引图、定位尺寸图。

（2）竖向设计平面图。

（3）给排水、喷灌施工图。

（4）各分区的放线详图，包括节点的坐标、道路的弧形半径和标注等（图 5-7）。

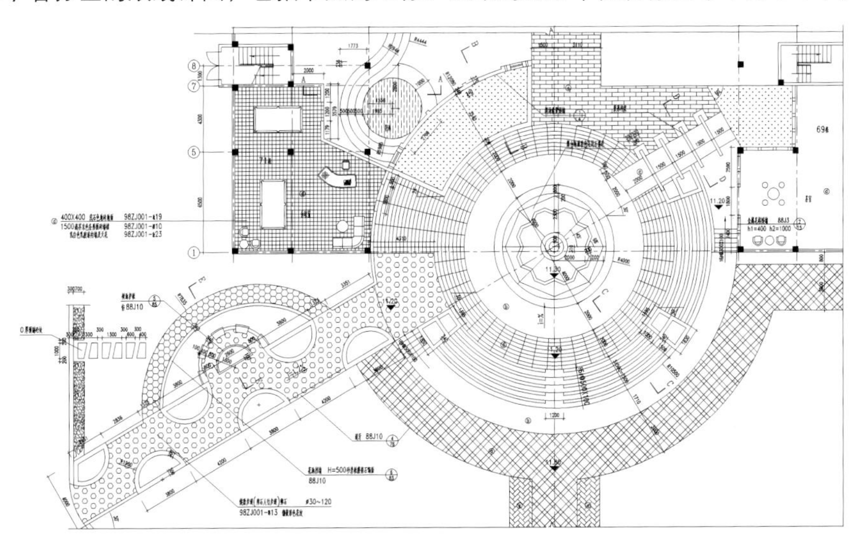

图 5-7　景观分区平面图

（5）各分区的地形图、户外标高图（土方平衡表）。

（6）植物种植放线图、苗木表、植物技术指标。

（7）各种景观小品的定位图、平立剖面图、结构图、节点大样图（图 5-8）。

（8）园路、广场的放线图，铺装大样图，结构图，铺装材料的名称、型号和颜色。

（9）水体的平、立、剖面图，放线图及施工大样图（图 5-9 至图 5-11）。

（10）各种室外设施、电器照明的布置图、施工大样图、型号的选择。

（11）材料明细表。

（12）施工说明（环境设计与地下室如何交接，素土夯实的要求，木材的防腐处理，乔木树池要求，钢构架的焊接、涂装要求，建筑物、构筑物的抗冻设施，挡土墙、独立墙说明，地面铺装要求等）。

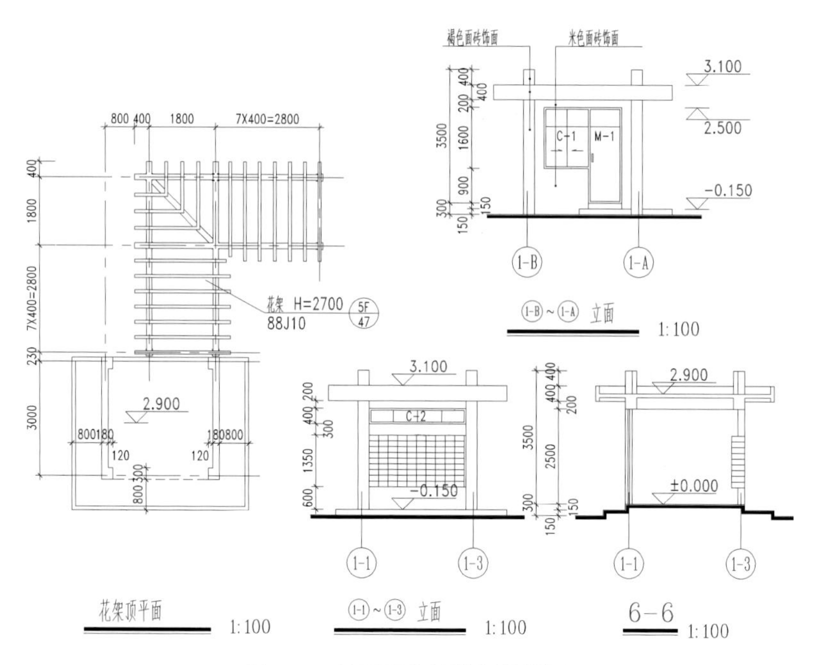

图 5-8 某景观小品的设计详图

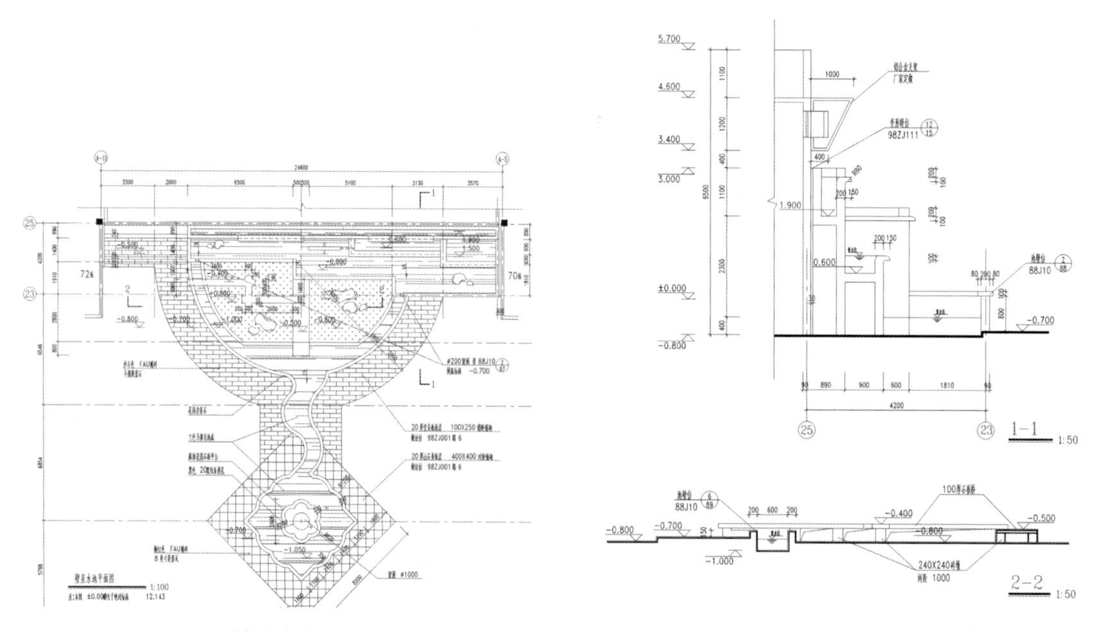

图 5-9 某壁泉水池平面图

图 5-10 某壁泉水池剖面图

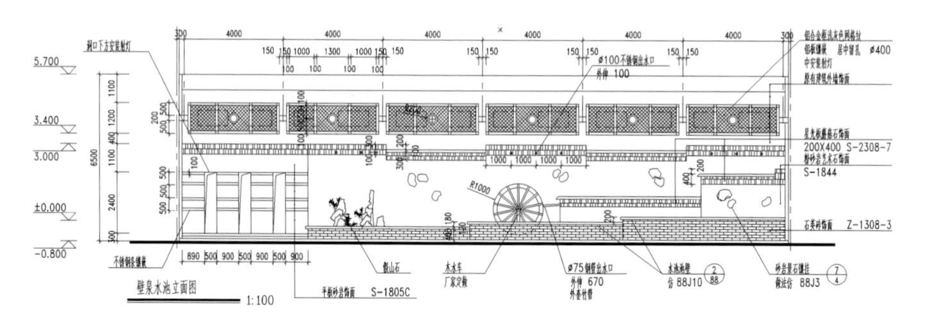

图 5-11 某壁泉水池立面图

四、景观设计的思维方法

1. 综合多元的思维渠道

抽象思维主要表现为理性的逻辑推理，因此也可称为理性思维；形象思维主要表现为感性的形象推敲，因此也可称为感性思维。在景观设计过程中，丰富的形象思维和缜密的抽象思维必须兼而有之、相互配合。

【作品欣赏】景观构思草图

2. 图解分析的思维方式

感性的形象思维更多地依赖人脑对可视形象或图像的空间想象，这种对形象敏锐的观察和感受力是进行景观设计时必备的基本素质。设计时需要通过图形表达呈现所有的形象思考信息，如在概念设计阶段的各种设计草图，以此为基础展开进一步的设计分析。图形思维实际上是一种从形象思考到图解思考的过程。作为景观设计师要养成图解分析的习惯，提高设计草图的表达能力。

3. 比较选择的思维过程

选择是对纷繁客观事物进行提炼优化的过程，合理的选择是设计决策的基础。就景观设计而言，选择的思维过程体现在多元图形的对比、优选方面。在景观设计过程中，设计思路和思维方式不同，景观设计的结果也是多元、不确定的。同一项目可能会产生多种解决方案，要对不同方案进行分析比较以确定最佳方案。对比优选的思维过程是建立在综合多元的思维渠道以及图形分析的思维方式之上的。

【知识拓展】景观设计概念方案和扩初方案的图纸要求

景观设计重在协调人与自然的关系，满足人的各种空间需求，不断改善人类的生存环境，从而提高环境质量。各种类型的景观空间都由景观元素构成，但又具有各自的特点，设计中应该针对各种类型的特点进行综合考虑。

本章小结

通过本章的学习，使学生明确景观设计之初需要掌握的设计信息，如地理特征、现状条件、用地条件等内容，加深学生对景观设计的认知。

思考与实训

1. 简述景观设计的条件有哪些。
2. 简述景观设计的程序。

CHAPTER SIX

第六章 各种类型的景观设计

知识目标

在学了景观设计的造型元素、空间限定方法、景观设计要素、设计程序等内容以后，有针对性地对各种类型的景观设计进行分类和分析。结合设计的实例案例，分析景观设计原则的应用。对已学内容进行思考和整合，将理论知识与实践结合。

能力目标

1. 掌握公园、广场、居住区的景观设计原则。
2. 熟悉道路景观设计、滨水景观设计的方法。
3. 了解庭院景观设计的设计要点。

第一节 公园设计

公园是供公众游览、观赏、休憩、开展科学文化及锻炼身体等活动的公共场所，需要有比较完善的公共设施和良好的景观绿化环境。

公园是从传统园林演化而来的，但和传统园林有着很大的不同。过去皇家园林、私人园林都是为少数统治阶级、官僚资产阶级服务的，并不为大众服务。资本主义初期的欧洲，一些皇家贵族的园林逐渐向公众开放，开始形成最初的公园。19 世纪中叶，欧洲、美国和日本出现经设计、专供公众游览的近代公园。1858 年，美国风景园林师奥姆斯特德和他的助手合作完成了纽约中央公园的设计，这标志着现代公园的产生。公园一般以绿地为主，辅以水体和游乐设施等人工构筑物。从城市生态环境角度看，公园就是“城市的肺”。

一、公园的类型

《城市绿地分类标准》中将公园绿地按其规模和功能分为综合公园、社区公园、专类公园、带状公园和街旁绿地。每一种类型的公园都有各自的特点，设计时要根据公园的类型确定其特有的内容，但不管什么类型的公园都应有足够的绿化。

1. 综合公园

综合公园是指市、区范围内的供城市居民游览休息、文化娱乐的具有综合性功能的较大型绿地。如上海的世纪公园（图 6-1 和图 6-2）、北京的朝阳公园（图 6-3）。一般综合性公园的内容、设施较为完备，规模较大、质量较好。园内有明确的功能分区，如文化娱乐区、儿童游戏区、体育活动区、安静休息区、动植物展览区等，能够满足人们多方面的需求。在已有动物园的城市中，其综合性公园内不宜设大型或猛兽类动物展区。综合性公园功能全面，各种设施会占去较大的园地面积，为确保公园良好的自然环境，其规模不宜小于 10 hm^2。

图 6-1　上海世纪公园水景

图 6-2　上海世纪公园绿地景观

图 6-3　北京朝阳公园

2. 社区公园

社区公园是为一定居住用地范围内的居民服务的、具有一定活动内容和设施的集中绿地，包括居住区公园和小区级游园（图 6-4），公园中必须设置儿童游戏设施，同时照顾老人的游憩需求。居住区公园的面积随居住区的人口数量而定，宜在 5 ~ 10 hm^2，服务半径为 0.5 ~ 1.0 km。居住小区游园面积宜大于 0.5 hm^2，服务半径为 0.3 ~ 0.5 km。

图 6-4　某小区游园

3. 专类公园

专类公园是指具有特定的内容和形式，有一定游憩设施的绿地，包括儿童公园、动物园、植物园、历史名园、风景名胜园、游乐园、雕塑园等。

（1）儿童公园。指独立的专为儿童提供娱乐和科普教育的公园，其服务对象主要是少年儿童及携带儿童的成年人。儿童公园应设有儿童科普教育内容和游戏设施，全园面积宜大于 2 hm^2。园内的娱乐设施、运动器械及各种构筑物要考虑儿童使用的安全性，还应有合适的尺度，明快的色彩，活泼的造型等。其与居住区的交通应便捷。

（2）动物园。是集中饲养和展览较多种类野生动物及品种优良的家禽、家畜的城市公园的一种。主要提供休息游览、文化教育、科学普及、科学研究等多种功能。

（3）植物园。是广泛搜集和栽培植物种类，并按生态要求予以种植的一种特殊的城市绿地（图 6-5）。植物园的主要任务是搜集多种植物种类，并进行引种驯化、定向培育、品种分类、环境保护等方面的研究工作；另外也可以向游客普及植物科学知识，作为城市绿地的示范基地。

（4）历史名园。指历史悠久，知名度高，体现传统造园艺术并被审定为文物保护单位的园林；

或者是以革命活动故址、烈士陵园、历史名人旧址及墓地等为中心的景园绿地，供人们瞻仰及游览休息（图 6-6 和图 6-7）。

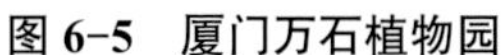

图 6-5 厦门万石植物园

图 6-6 南京中山陵

图 6-7 南京中山陵音乐台

（5）风景名胜公园。位于城市建设用地范围内，以文物古迹、风景名胜点为主形成的具有城市公园功能的绿地。

（6）游乐园。具有大型游乐设施，单独设置，生态环境较好的绿地。

4. 带状公园

公园呈狭长带状，通常结合城市道路、建筑、城墙、水滨等建设，如北京明长城遗址公园、元大都遗址公园都是围绕城墙遗址建设的。带状公园应具有隔离、装饰街道和供短暂休憩的作用，园内应设置简单的休憩设施；因为较长的长度和较短的宽度，园内的行走路线是比较明确的，设计时要考虑人在运动时的视觉变化，运用空间手法或植物栽植对空间进行一定的限定、遮挡，以丰富空间内容，提高视觉观赏度（图 6-8），同时要注意和现状地形条件或者建造物的协调；植物配置方面应考虑其与城市环境的关系及园外行人、乘车人对公园外貌的观赏效果。带状公园是绿地系统中的线状构成要素，有着较为独特的空间特征，是城市绿地的生态廊道。

图 6-8 北京明长城遗址公园

5. 街旁绿地

街旁绿地是指紧贴城市道路设置并且相对独立成片的绿地，它是道路景观的节点空间，对道路景观有着非常大的影响，包括街道广场绿地、小型沿街绿化用地等。街旁绿地应以配置精美的园林植物为主，要求绿化占地比例不小于 65%；讲究街景的艺术效果并应设有供短暂休憩的设施；还要注意与道路景观的整体性和连续性；为营造相对安静的小环境，也可以运用植物配置将绿地和道路进行一定的视觉隔离。

二、公园设计的原则

1. 功能性原则

公园是以休闲、娱乐为主题的绿地空间，不同规模的公园其功能构成不尽相同。在进行公园设计时，要针对具体场地分析其功能组成，然后合理分区，也就是把大的环境根据功能和空间的需要划分成各种小的区域，每一区域都有较为明确的使用目的。在分区时要考虑地形等各个方面的限制以及各区域之间的线路组织，并使功能相近或者有联系的区域邻近，进行合理地功能分区。

2. 开放性原则

城市公园是为大众服务的，属于城市开放空间，为全体市民所有。在设计时要体现其开放性，考虑大众普遍的使用需求和审美需求，为不同人群营造娱乐和休息的环境。在设计中应考虑各种人群的使用需求，结合这些需求展开设计。

3. 体现地域特色和时代风格原则

公园设计要体现地域特征和文化，这是对公园设计的高层次要求，以防止出现城市中公园“千园一面”现象。公园设计应从分析场地现状开始，了解公园所在地域的风俗及文化，挖掘地方特色，塑造属于场所专有的景观类型。例如环境中可以使用一些体现当地文化的元素；可以将历史故事、传统图案等通过景观构筑物、雕塑、浮雕墙、浮雕柱等载体体现出来（图 6-9）。另外，现代城市公园设计要立足传统园林艺术，体现时代特征，创造新型城市园林。

图 6-9 北京皇城根遗址公园雕塑

4. 整体性原则

公园绿地是城市绿地的一部分，也是城市景观的重要组成部分，应该处理好其和城市周边环境的关系，如周边建筑、道路、绿化等，这就体现了整体性原则。公园内部也包含很多景观要素，如地形、植被、水体、建筑等，它们之间的关系处理也是一个整合的过程。

5. 生态性原则

公园绿地是城市生态环境的重要体现，注重公园的持续、健康发展是设计的重点。设计中应充分尊重原有环境，采用生态绿色铺装材料，植物的合理配置等都是生态性的具体体现。另外，还要处理好近期与远期的关系，以及社会、经济、环境效益之间的关系。

三、公园设计的要点

1. 考虑公园的规模及其周围环境

公园的规模和周围环境决定了公园的功能构成，如公园是综合公园还是主题公园，周围区域是居住区、商业区还是办公区等，这将对公园的整体空间设计产生影响。

2. 设计应突出主题

设计公园首先要确定其主题，尤其是主题公园，更应明确其指导思想。主题的确定并不是凭空捏造的，除了要体现设计师的设计观点外，更重要的是对场地环境的考虑。公园绿地以游乐休闲为主，在设计时要体现其趣味性和娱乐性，设置新颖的游乐内容，如布置健身运动项目、游乐设施或各种水上活动设施等。

3. 园以景胜，巧于组景

布置景点是公园设计的重点。公园内必须有可观、可赏、可玩之处，所有公园均以景取胜，景点和景区结合，才能增加空间的吸引力；同时要注意景点的独特性以及景点之间的组织，景点特色和组景是公园规划布局之本。

4. 合理设计园路系统

园路是联系公园各景区、景点的观赏游览线路，所以在设计时，要考虑园路的对景、左右视觉变化、园路的线型以及竖向高低等给人的心理感受（图 6-10）。园路系统设计应根据公园的规模、各分区的活动内容、游人容量和管理需要，统筹布置园路系统，确定园路的路线、分类分级和铺装场地的位置等。园路分级要明确，其主要分为主园路、次园路和小径。主园路是联系分区的道路，具有引导游人游览的作用，要易于识别方向；次园路是分区内部联系景点的道路；小径是景点内的便道。

5. 完备的附属设施

人们在公园中有休息、娱乐、交谈等各种需求，这就需要设置各种服务设施，如座椅、垃圾箱、灯具以及厕所等，以充分体现设计的人性化特点。

图 6-10 北京马甸公园中的园路

四、公园的布局形式与设计内容

1. 公园的布局形式

（1）规则式：也称整形式、几何式、建筑式、图案式，强调空间的理性美和力度美，空间通常具有轴线关系，多应用于纪念性公园的创建（图 6-11 和图 6-12）。

（2）自然式：也称风景式、山水式、不规则式，无明显的对称轴线，各种要素灵活布置，追求自然、柔美的视觉效果，多用于规模较小的休闲娱乐公园和居住区公园（图 6-13）。

图 6-11 南京雨花台烈士陵园

图 6-12 凡尔赛宫花园

图 6-13 墨尔本城市公园

（3）混合式：根据公园的空间和功能需求，在不同位置分别采用规则式和自由式布局，两种形式相互融合，且形成视觉上的反差，创造多变的空间效果，这在公园设计中应用最为广泛。

2. 公园的设计内容

公园的总体设计应根据设计任务书，结合现状条件对其功能或景区划分、景观构想、景点设置、出入口位置、竖向及地貌、园路系统、河湖水系、植物布局以及建筑物和构筑物的位置、规模、造型及各专业工程管线系统等做出综合设计。

（1）出入口选择。出入接口设计，应根据城市规划、公园内部布局要求、公园位置、城市交通以及活动项目的设置等，确定游人主、次和专用出入口的位置。此外还需要设置出入口内外集散广场、停车场、自行车存车处，并确定其规模。

（2）功能分区。设计时应根据公园的性质和现状条件，确定其功能构成，并对其功能进行梳理分析，如将公园分为儿童娱乐区、健身区、水上活动区等，每一类功能区都占据一定区域，然后确定各分区的规模及特色。

（3）容量控制。设计公园时必须确定公园的游人容量，作为计算各种设施的容量、个数、用地面积以及进行公园管理的依据。市、区级公园游人人均占有公园面积以 60 m^2 为宜，居住区公园、带状公园和居住小区游园以 30 m^2 为宜；风景名胜公园游人人均占有公园面积宜大于 100 m^2。

（4）园路设计。园路设计要与地形、水体、植物、建筑物、铺装场地及其他设施结合，形成完整的风景构图，创造连续展示园林景观的空间或欣赏前方景物的透视线。路的转折、衔接通顺，符合游人的行为规律。园路及铺装场地应根据不同功能要求确定其结构和饰面，面层材料应与公园风格协调，并与城市车行路有所区别。

（5）种植设计。种植设计要根据公园总体设计中对植物组群类型及分布的要求进行。植物配置应注意乔木、灌木、地被植物、草坪以及藤本植物的搭配，选择适应栽植条件的当地适生种类。林下植物应具有耐阴性，其根系的发展不能影响到乔木根系的生长。

（6）用地比率。公园用地包括绿地用地、建筑用地、园路及铺装用地等。公园内部用地比例应根据公园类型和陆地面积确定。确定公园用地比率可避免公园内构筑物或铺装面积过大，防止其破坏景观环境，造成城市绿地减少；其比例应符合相关规定。

五、公园景观设计趋势

1. 共享性和开放性

公园是城市开放空间的组成部分，是为大众所使用的，这就要求未来公园建设更能体现它的开放性。公园开放性所涉及的内容，包括空间方面的开敞、功能设施方面的共享和文化性、审美取向方面的一致，这可以最大限度地提高公园的使用价值及其与城市文化的呼应程度。

2. 从平面展开走向立体空间

功能的多样化和复杂化，以及人们对于复杂空间形态的偏爱，使得公园设计正朝着立体化的空间形态发展。它可以更好地形成空间特色，提高公园的可识别性（图 6-14）。

3. 注重地域文化

如果景观设计只注重手法和形式，不注重实质内容和含义，就会导致城市形象的趋同。公园是文化传承的一个重要载体。现代城市公园对文化传统的表达主要体现为对传统形式的借鉴与继承，借助于传统的形式与内容寻找新的含义或形成新的视觉形象。例如北京菖蒲河公园中的扇子铜雕（图6-15），把传统的物件和纹样用现代的形式和材料表现出来，是对于文化符号的再应用。另外，设计中要注意对文脉的表达和场所精神的体现。文脉和场所精神正是通过一些具有特定时代意义的建筑或其他符号性的东西承载的。如北京明长城遗址公园对城墙遗址进行了保护、改造，整个公园沿城墙展开，并且保留了园内废弃的铁路，这些都体现了对历史文脉的传承，有助于场所精神的形成（图 6-16）。

4. 风格更趋多样性

对地域文化和场所精神的尊重，势必带来风格的多样化。公园设计在遵循普遍艺术原则、大众审美需求的基础上，可运用不同的空间手法，结合场地条件，创造不同的主题风格。

5. 注重环境的生态性

景观设计要创造更加适合人类生存的环境，处理好人与自然的关系，就需要注意可持续发展的问题，注重其生态性。公园作为城市绿地系统的重要组成部分，维持着城市生态系统的多样性和稳定性。设计时应充分利用原有的自然地形地貌和自然植物群落，尽量减少对环境的破坏，不能将公园做成人工构筑物的堆砌场，而应该增加绿地面积，加强其生态建设。

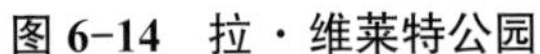

图 6-14 拉 · 维莱特公园

图 6-15 扇子铜雕

图 6-16 沿城墙展开的园路

六、公园设计实例分析

1. 拉 · 维莱特公园

拉 · 维莱特公园位于法国巴黎市中心东北部，于 20 世纪 80 年代兴建，基地曾经是大型牲口市场，由建筑师伯纳德 · 屈米设计，是巴黎为纪念法国大革命 200 周年建造的九大工程之一，是公认的创新性园林作品（图 6-17）。

公园面积约 55 hm^2，乌尔克运河把公园分成了南北两部分，北区展示科技与未来的景象，南区以艺术氛围为主题。屈米的创新主要在于把公园分解成各种不同的要素，将这些要素通过构筑的方式重新组织起来，继承了法国传统园林的一些手法，如巨大的尺度、视轴、林荫大道等，但是并没有按西方传统模式设计公园。公园在结构上由点、线、面三个互不关联的要素体系相互叠加而成（图 6-18）。点就是 26 个红色的构筑物，出现在 120 m × 120 m 的方格网的交点上，这些点要素的构筑物具有很多相同的特征，如体量、色彩等（图 6-19 和图 6-20）。构筑物除了作为点要素之外，也被赋予一定的功能，作为信息中心、小卖饮食、咖啡吧、手工艺室、医务室使用。线性要素有长廊、林荫道和一条贯穿全园的弯弯曲曲的小径，这条小径联系了公园的十个主题园。面的要素就是十个主题园，包括镜园、恐怖童话园、风园、雾园、竹园等（图 6-21）。其中的沙丘园、空中杂技园、龙园是专门为孩子们设计的。

公园景观设计方案
实例详解

图 6-17 拉 · 维莱特公园卫星图

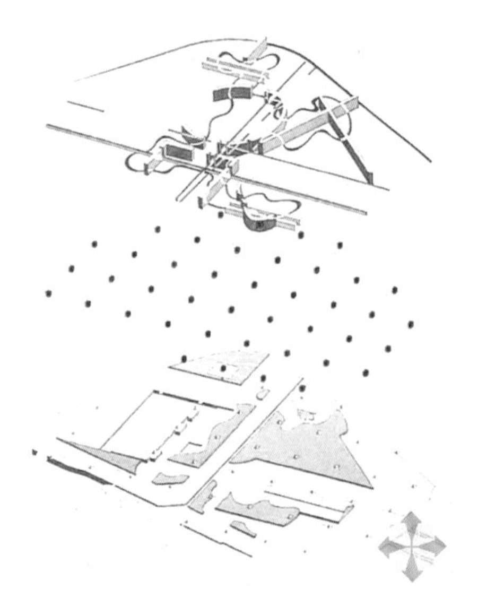

图 6-18 公园点、线、面的组合关系

图 6-19 公园中的景观构筑物

图 6-20 公园中的景观构筑物

图 6-21 公园中小的主题公园

2. 北京朝阳公园

北京朝阳公园是一处以园林绿化为主的综合性、多功能的大型文化休憩、娱乐公园。始建于 1984 年，1992 年更名为北京朝阳公园。南北长约 2.8 km，东西宽约 1.5 km，规划总面积为 288.7 hm^2，其中水面面积 68.2 hm^2，绿地占有率为 87%。整个公园以水系贯通，建成的景点有中央首长植树林、将军林、世界语林、国际友谊林、层林浩渺、水上游览区、南门景区、勇敢者天地游乐园、欧陆风韵、绿茵欢歌、生命之源、艺术广场、滨水之洲、生态水溪等 20 多个景区、景点。整体平面以自然式为主，其中在小广场的设计上运用规则式的平面形式，如艺术广场、喷泉广场等，增加了空间的秩序感（图 6-22 至图 6-25）。

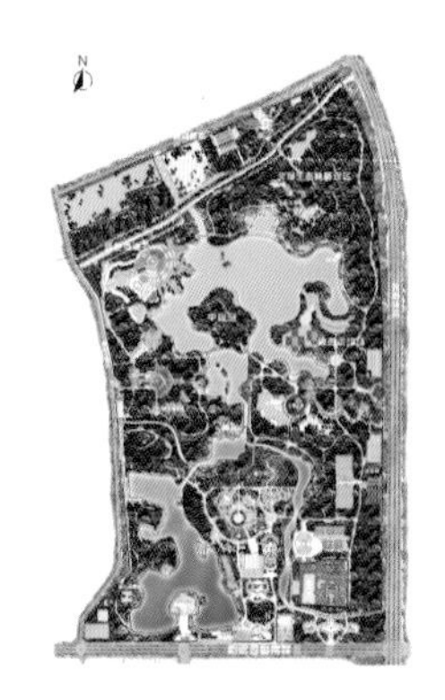

图 6-22 朝阳公园总平面图

图 6-23 公园中的河道景观

图 6-24 公园中的湖面景观

图 6-25 公园中的绿地景观

3. 上海浦东世纪公园

世纪公园位于上海市浦东新区花木行政文化中心，位于世纪大道终点，是上海内环线中心区域内最大的富有自然特征的生态型城市公园（图 6-26）。

公园占地面积 140.3 hm^2，以大面积的草坪、森林、湖泊为主体，体现了东西方园林艺术和人与自然的融合，设置了乡土田园区、观景区、湖滨区、树林草坪区、鸟类保护区、国际花园区和小型高尔夫球场 7 个景区，以及露天音乐剧场、会晤广场、儿童游乐场、垂钓区等活动场所（图 6-27 和图 6-28），建有高柱喷泉、音乐旱喷泉、四季园、世纪花钟、大型浮雕、林间溪流、卵石沙滩、银杏大道、缘池等园林景观。公园以水为中心，自由设置各种景点。园内水形多变，分为大的湖面和细弯的河道，给人以不同的空间体验（图 6-29 和图 6-30）。整体平面是自由式布局和规则式布局的结合，在弯曲的园路和水道中嵌入轴线，以加强对整个平面的控制和与城市的连接。

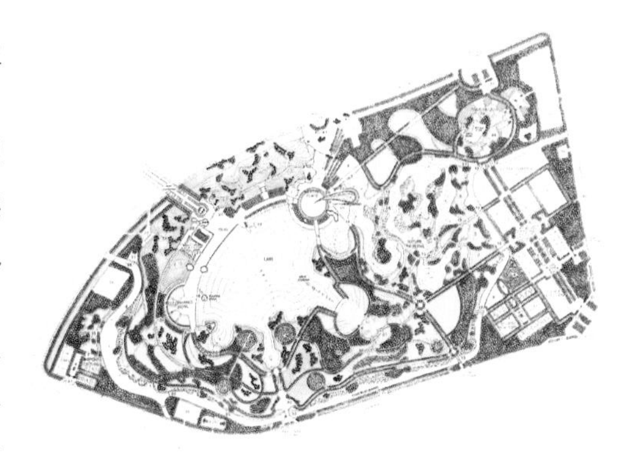

图 6-26 世纪公园总平面图

图 6-27 世纪公园中的湖面景观

图 6-28 世纪公园中的水景

图 6-29 大的湖面有着开阔的视野

图 6-30 自然的河道景观增加了空间情趣

第二节 广场设计

广场是由建筑、道路或其他空间元素围合而成，具有一定功能和规模的、相对完整的城市公共空间（图 6-31）。城市广场通常是城市居民社会生活的中心，是城市空间不可或缺的重要组成部分。它可以给人们提供户外活动的场地，也可以起到集会、交通集散、居民游览休息、商业服务及文化宣传等方面的作用。

广场是城市开放空间的典型代表，具有最大的开敞性，和城市空间结合紧密，被誉为“城市客厅”。

图 6-31 威尼斯圣马可广场

一、广场分类

从功能和性质上分，现代广场可以分为市政广场、文化广场、纪念广场、交通广场、商业广场和休息娱乐广场。现代广场的功能越来越综合化，同一个广场会有各种不同的功能，所以对于广场的分类也只是从其最主要的功能区分的。

1. 市政广场

市政广场多修建在市政府和城市行政中心所在地，是市政府与市民对话和组织集会活动的场所。

市政广场一般追求稳重、庄严的空间效果，多采用对称的平面（图 6-32 和图 6-33），开阔的硬地，色彩素雅，植被也以规则式布置为多，以高大乔木为主。设计时应该注意广场空间和周围市政建筑的统一，以增强空间的整体性；运用轴线关系时要营造空间节点，以避免空间过于单调；广场应该具有良好的可达性及流通性；以硬化铺地的方式为主，谨慎设置高差，适度安排植物绿化。

2. 文化广场

文化广场一般设置于城市中较大规模的文化、娱乐活动中心附近，常围绕博物馆、展览馆、美术馆、文化宫等大型文化建筑布置，为人们提供一个文化氛围较浓的室外活动空间，人们在其中主要从事与文化有关的学习、娱乐活动（图 6-34）。广场注重对文化的体现，设计时应结合周围环境，充分理解和运用各种文化元素塑造空间，同时注重市民的参与性。

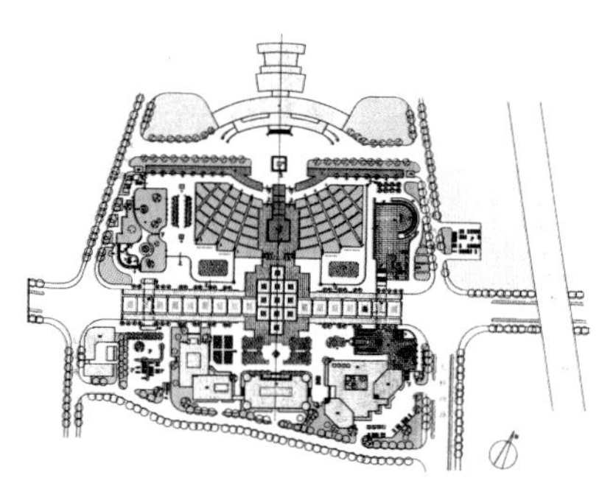

图 6-32　江阴市市政广场平面图

图 6-33　某市政广场鸟瞰图

图 6-34　拥有浓厚文化氛围的上海人民广场

3. 纪念广场

为缅怀历史事件和历史人物，常在城市中修建主要用于纪念某些人物或者某一事件的广场。

纪念广场通常建有重大纪念意义的建筑物，如塑像、纪念碑、纪念堂等，在其前庭或四周布置园林绿化，供群众瞻仰、纪念或进行传统教育。纪念性广场追求庄严、肃穆的空间效果，设计时应结合地形使主体建筑物突出并且比例协调（图 6-35）。有的纪念广场抛弃了符号式纪念物的应用，而着重营造空间体验。如美国越战纪念碑设计（图 6-36），整个纪念碑平面呈 V 字形，潜入地面，纪念碑由黑色的花岗岩墙体构成，两墙相交的中轴最深，约有 3 米，逐渐向两端浮升，直到在地面消失；碑体上刻着所有遇难士兵的名字，当人们走过碑体时会在明亮的黑色花岗岩石面上产生影像（图 6-37）。

图 6-35　唐山抗震纪念广场

图 6-36　美国越战纪念碑

图 6-37　刻满烈士名字的纪念碑

4. 交通广场

交通广场是以交通疏散为主要目的设置的广场类型，是城市交通系统的有机组成部分。它是交通的连接枢纽，有交通、集散、联系、过渡及停车等作用。交通广场的首要功能是合理组织交通，包括人流、车流、货流等，在广场四周不宜布置有大量人流出入的大型公共建筑，主要建筑物也不宜直接面临广场。应在广场周围布置绿化隔离带，保证车辆、行人顺利和安全地通行，互不干扰。广场要有足够的行车面积、停车面积和行人活动面积，其大小根据具体需求决定。

5. 商业广场

商业广场位于城市的商业区，围绕大型商业建筑建设，为各种商业活动提供场所（图 6-38）。随着城市主要商业区和商业街向大型化、综合化和步行化方向发展，商业区广场的作用显得越来越重要，是城市中最常见和最活跃的广场类型。空间以步行环境为主，设计时应注意广场空间和商业建筑室内空间的呼应，以提高空间的使用率。商业广场必须放在整个商业区规划设计中综合考虑，一般位于整个商业区主要流线的节点上。商业广场要充分体现商业氛围，设计时要考虑其商业建筑的布局及界面，以形成好的人流线路。另外，还要充分考虑它的休闲娱乐性，增加空间魅力和活力，提升整个商业区的商业潜力。

6. 休闲娱乐广场

休闲娱乐广场是主要为人们提供休憩、游玩、演出及举行各种娱乐活动的广场类型，多位于居住区、街道两侧等区域（图 6-39）。休闲娱乐广场布局形式灵活，手法多样，要充分利用各种景观要素，设置足够的娱乐内容和设施，以营造丰富、有趣的空间环境。休闲娱乐广场注重开阔性，为人们提供便于组织活动的场地，没有过多的雕塑和装饰，注重公共设施的选择。

图 6-38　商业建筑中间的广场

图 6-39　某居住区公园中的广场

二、广场设计的基本原则

1. 以人为本的人文原则

广场是为人们提供活动的场地，如何使广场空间更加有效地发挥作用，更好地满足人们的需求是设计的重点。要综合分析人的心理需求以及人的活动规律。如人与人之间有交流的需求，有时也希望有空间独处，在行走路线上有走捷径的习惯等。另外，人性化设计体现在很多方面，如广场中各种服务设施的布置以及其尺度、材料、色彩、肌理等，都要考虑人的需要，符合人体尺度。

2. 继承与创新的文化原则

城市广场和城市空间是密不可分的，城市是人类改造外界环境的文明成果，记载着人类发展的足迹。作为城市开放空间中最活跃的一部分，广场应该在探索城市空间未来发展的同时，注重对传统文脉的延续。对场地内有价值的历史物件加以保护、利用，如建筑、文物等；把一些有传统意义的符号性内容以新的形式应用到空间中，并赋予其时代意义。这不仅是历史文脉的延续，也是对场所精神的传承。

3. 可持续发展的生态原则

注重广场自身的可持续发展，包括广场的充分使用和环境生态方面的考虑。以硬质铺装为主的城市广场虽然不像公园绿地那样影响着城市的生态环境，但其建设也要顺应生态规律，符合地域生态条件，如植物、日照、风向、水体等方面。广场虽然主要为了解决人流的聚集问题，但也应充分考虑绿化问题，体现现代广场设计对人和环境的关怀，符合生态性原则。广场绿化要依据具体情况及广场的功能、性质等设计。从功能上讲，文化休闲类广场主要提供林荫下的休息环境以及满足调节视觉、点缀色彩的功能要求，铺装可以多考虑与树池以及花坛、花钵等形式结合。广场绿化还要和广场的其他要素统一协调，大树应作为重要的构成元素，融入广场的整体设计，同时应尽可能采用立体绿化，扩大实际绿化面积，并借此划分多层次的领域空间，满足多样化的功能需求。

4. 公众参与的社会原则

广场的活力来自市民的参与，这是评价广场设计是否成功的重要标准。公众参与意味着空间需要有良好的开敞性，和城市空间有机统一，使人们更容易进入广场。虽然都是城市开放空间，但广场空间比公园绿地的开敞性更高，这是由其使用性质的不同决定的。另外，参与性还体现在广场的内容上，广场的空间及活动内容必须具有吸引力，让人们能够走进广场并进行各种活动，给人们提供社会交往的可能性，同时激发广场的活力。

三、广场设计要点

现代广场作为城市中人流高度密集的场所，其设计质量的好坏对整体城市空间至关重要；设计时要进行细致周密的分析、调查，并注意以下几点。

1. 满足聚集要求

广场要根据人流规模安排好人流的流动线，铺设足够的硬地铺装，适当进行植被种植（图 6-40），通常情况下，硬质铺装与软景的布置比例不应大于 7 ∶ 3，在进行广场设计时，如果盲目地把场地布置成大花园，种植过多的绿化植被，可能绿化景观不错，但其不符合广场设计的初衷，不能满足功能的需要，会影响广场效用的发挥。

2. 广场与周围空间的整合

广场应当和城市中的其他空间类型结合，比如和文化、体育或博览建筑结合设置，以形成积极联动的城市空间系统。整合表现在形态上就是广场空间形态要符合周围环境的特点，考虑场地及周围建筑的尺度，服从道路或者建筑的秩序，表现在交通上就是广场的流线设置要考虑周围用地的性质和主要建筑的出入口，以及主要道路的人流方向等，如在人流量较大的道路旁设置硬质林，以方便交通，增加空间的渗透性（图 6-41）。

3. 空间的动静组织

现代广场空间越来越多元化，除了提供人流聚集需要的大场地以外，也要适当考虑设置相对安静、私密的小空间（图 6-42），大场地和小空间的结合，可以满足环境中人的不同需求。但小空间的介入要有合适的尺度和限定方法，以免使广场空间凌乱。

图 6-40　重庆市人民广场

图 6-41　北海市北部湾广场

图 6-42　成都都江堰广场

4. 广场的空间节奏

广场空间多采用大面积铺开的形式，但也要注意营造空间的层次感。广场空间的划分应有主有次、有大有小，以形成空间节奏，如广场设计中经常使用景观轴线贯穿整个场地，沿轴线布置各种景观节点，以增强空间的序列感。

四、广场的设计趋势

1. 多功能复合

现代社会的发展，促进了人们生活的多样性，单一的聚会、交通功能已不能满足现代人的活动需求，这就使城市广场的功能越来越多元化，如在同一广场内设置休闲娱乐、体育健身、文化展示等内容，即便只是体育健身也会区分不同年龄段的使用群体，以便更具针对性和适应性。

2. 空间立体化

随着城市化的不断加强以及技术的进步，城市空间的利用强度也越来越大；复合式和立体化的空间将成为广场发展的一种趋势，这也符合人对空间的视觉需求。设计时通过下沉或抬高等空间手法，制造地下、地面或者空中连通的复合式空间，场地中就会出现如下沉广场、台地式广场、空中广场等多种形式的广场，这样能利用有限的空间，获得丰富、高效的城市景观。此外，也可通过照明设计，在夜晚增加空间的立体层次，使空间更有延展性。

3. 继承地方特色、延续历史文脉

要增强空间的可识别性，营造有特色的广场景观，就要考虑对历史文脉的延续。历史与文化是城市人文景观的重要内容，把人文景观和空间视觉景观结合起来，最能表现地域文化和特色。

4. 环境生态化

现代城市广场的生态化越来越受到重视，这表现了人对环境关注程度的提高。如何尽量减少对自然的破坏，利用自然资源寻找合适的建造方式是未来广场设计需要着重考虑的问题。

五、广场设计实例分析

1. 西安钟鼓楼广场

西安钟鼓楼广场是一项古迹保护与旧城更新的综合性工程（图 6-43 至图 6-45）。设计上要求突出两座 14 世纪的古建筑形象，设计沿着“晨钟暮鼓”这一主题向古今双向延伸，在空间处理上吸取了中国传统空间的组景经验，与现代城市外部空间的理论结合，组成了地上、地下、室内、室外融为一体的立体混合型城市空间。

图 6-43 西安钟鼓楼广场鸟瞰图

图 6-44 西安钟鼓楼广场

图 6-45 广场中的块状绿地

西安钟鼓楼广场的设计，首先突出了两座古楼的形象，保持它们的通视效果，采用了绿化广场、下沉式广场、下沉式商业街、传统商业建筑、地下商城等多元化空间设计，创造了具有个性特色的场所，增加了钟鼓楼作为“城市客厅”的吸引力和包容性（图 6-46 和图 6-47）。同时，为了解决交通中的人、车分流问题，以钟鼓楼广场为中心，南连南大街、书院门、碑林、北至壮院门化觉寺、清真寺，组成一个步行系统，使钟鼓楼广场成为西安古都文化带的枢纽。并且，钟鼓楼广场在设计元素上采用隐喻中国传统文化的多项设计，比如神似中国传统建筑屋顶式的喷泉造型（图 6-48），使在广场上的人们可以感受到传统文化的气息。这是一个完整的、富有历史文化内涵，又面向未来城市的文化广场。

图 6-46 广场中的块状绿地

图 6-47 下沉广场

图 6-48 广场中的喷泉造型

2. 北海市北部湾广场

北部湾广场是北海市综合性的城市核心广场，广场周围是北海市最繁华的商业区，设计充分尊重现状，塑造了现代化的城市广场新形象（图 6-49 和图 6-50），在空间形态上构成了统一协调、中心突出，自然与人融合的整体格局；在环境品质上具有鲜明的开敞特征和街道化品质，营造了亚热带硬质林荫广场风貌（图 6-51 和图 6-52）。同时，保留和利用历史传统的建筑，弘扬地方性的文化活动和民俗风情，使广场成为具有浓郁地方文化特色的城市公共活动场所。

图 6-49 北海市北部湾广场平面图

图 6-50 北海市北部湾广场鸟瞰图

图 6-51 硬质林荫广场

图 6-52 下沉广场

3. 济南泉城广场

泉城广场位于济南市区中心，是济南的中心广场，也是一座集文化娱乐、绿化休闲和商业购物为一体的大型现代化广场。

广场西临趵突泉、南望千佛山、北靠护城河，将城市的轮廓线集中展现给游人，将最能集中体现泉城特色的几大景点纳入了广场视域。广场呈长方形，东西长约 780 m，南北宽约 230 m，占地 16.7 hm^2。自西向东主要由趵突泉广场、济南名士林、泉标广场、下沉广场、颐天园与儿童乐园、滨河广场、四季花园、荷花音乐喷泉、文化长廊、科教文化中心、银座购物广场等组成（图 6-53）。

泉城广场集中休现了“山、泉、湖、城、河”的泉城特色。广场设计方案也着重强调了“泉文化”，东部有荷花音乐喷泉，能变换出数种造型；西部的泉标下有四组喷泉，寓意济南的“四大名泉”（图 6-54）；七十二个小涌泉，寓意“七十二名泉”，并标有济南“七十二名泉”的铭牌。

荷花音乐喷泉在泉城广场东部，是广场的主要景观之一（图 6-55）。在圆形水池中，盛开着一朵巨大的金属荷花，水自水池及荷花中喷射而出，形成无数大小不一的喷泉，最高的达数十米，蔚为壮观。四季花园在泉城广场南、北两侧。南侧花园以草本和宿根花卉为主，春、夏、秋三季繁花盛开，五彩纷呈；北侧花园花、草、树结合，一年四季都绿色葱郁。文化长廊在荷花音乐喷泉东侧，以喷泉为圆心呈半圆弧状，长 150 米，分三层（图 6-56）。长廊内设 12 位山东名人的塑像及由 14 幅浮雕组成的《圣贤史迹图》。登上文化长廊顶层，可将泉城广场全貌尽收眼底。在泉城广场地下一层还设置有银座购物广场（图 6-57 和图 6-58）。

图 6-53 济南泉城广场鸟瞰效果图

图 6-54 泉标广场

图 6-55 广场东部的荷花音乐喷泉

图 6-56 广场东侧的文化长廊

图 6-57 下沉广场通向地下购物中心

图 6-58 银座购物广场

第三节 居住区景观设计

居住区是城市的有机组成部分，是被城市道路或自然界限围和的具有一定规模的生活聚居地，它为居民提供生活居住空间和各类服务设施，以满足居民日常物质生活和精神生活的需求。

随着商品经济大潮的到来，大量商品化住宅的出现，人们不再局限于只关注住宅室内空间的质量，也对居住区空间的外环境提出了更高的要求。居住区外环境空间的质量成为衡量居住区好坏的重要组成部分，成为商品住宅区关注的热点。住宅区的建设经历了由内到外的发展过程，从一味追求住宅户型、面积、室内装修发展到对室外环境的关注。

进行居住区景观设计不能仅仅关注居住区的绿地空间，更要了解整个居住区的空间结构、道路组成、建筑布局以及各种设计规范等，如此才有可能设计出科学、合理的居住区景观。

一、居住区空间的构成

1. 居住区的分级

根据与居住区人口规模对应的配套关系，可将居住区划分为居住区、居住小区、居住组团三级。根据从居住区规划的实践经验，其规划组织结构一般分为“居住区—小区—组团”三级结构、“居住区—组团”和“小区—组团”两级结构以及相对独立的组团等基本类型（图 6-59）。

（1）居住区。城市居住区一般称居住区，泛指不同居住人口规模的居住、生活聚居地和特指被城市干道或自然分界线围合，并与居住人口规模（30 000 ~ 50 000 人）对应，配建有一整套较完善的、能满足该区居民物质与文化所需的公共服务设施的居住生活聚居地。

（2）居住小区。居住小区一般称小区，是被居住区级道路或自然分界线围合，并与居住人口规模（7 000 ~ 15 000 人）对应，配建有一套能满足该区居民基本的物质与文化生活所需的公共服务设施的居住生活聚居地。

（3）居住组团。居住组团简称组团，一般指被小区道路分隔，并与居住人口规模（1 000 ~ 3 000 人）对应，配建居民所需的基层公共服务设施的居住、生活聚居地。

2. 居住区用地构成

居住区的用地以住宅建筑用地为主，为解决居住的要求，还需要其他类型的功能形式，和居住功能配套的各种公共建筑及设施，解决区内交通问题的道路等。居住区用地主要包括住宅用地、公建用地、道路用地与公共绿地（图 6-60）。

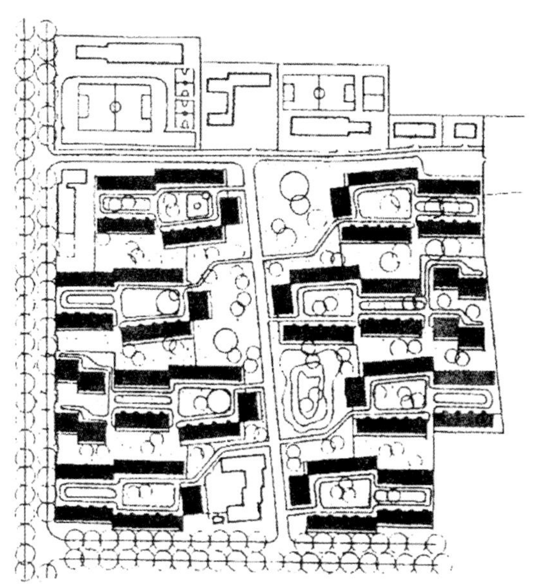

图 6-59　三级结构的居住区空间（北京富强西里）

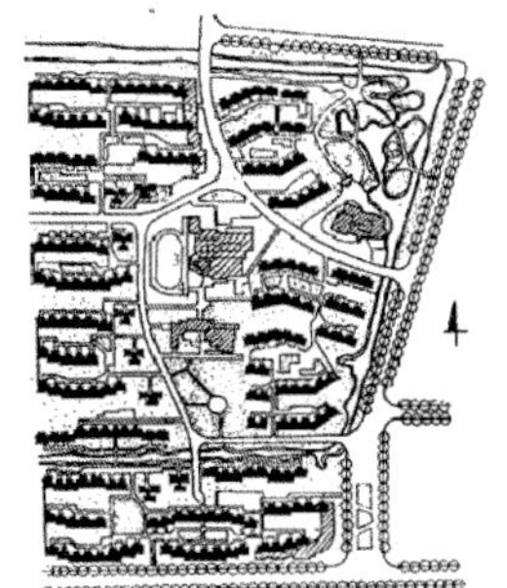

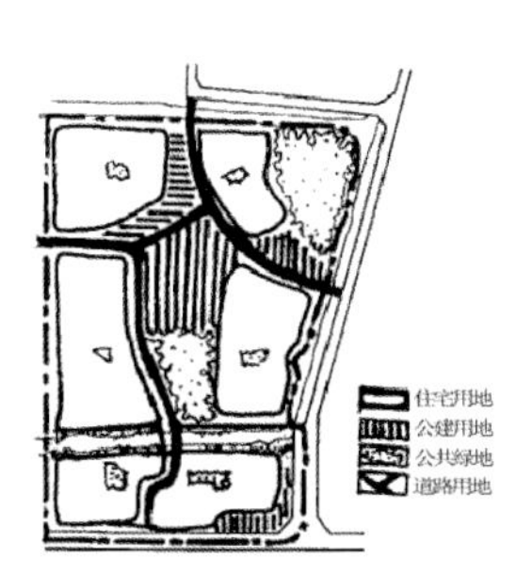

图 6-60　居住区的用地构成

（1）住宅用地。住宅用地是指住宅建筑基地占用的土地及四周的一些空地，包括通向住宅入口的小路、宅旁绿地和杂务院。居住区的住宅按层数分包括低层住宅（1 ~ 3 层）、多层住宅（4 ~ 6 层）、中高层住宅（7 ~ 9 层）、高层住宅（10 ~ 13 层）。

（2）公建用地。公建用地是与居住人口规模对应配建的、为居民服务的各类建筑和设施的用地，包括建筑基底占地及其所属场院、绿地和配建的停车场等。公共建筑按性质可分为商业服务设施、教育设施、文体娱乐设施、医疗卫生设施、公共设施和行政管理设施。

（3）道路用地。道路用地指居住区内各种道路的用地，包括道路、回车场和停车场。居住区道路可分为居住区级道路、小区级路、组团级路和宅前路。

（4）公共绿地。公共绿地指居住区、小区、组团内的公共使用绿地，满足规定的日照要求、适于安置游憩活动设施的、供居民共享的游憩绿地，包括居住区级公园、小区级游园、小面积和带状绿地。

二、居住区空间的布局形式

1. 整体规划布局形式

（1）片块式布局。建筑群在尺度、形体、朝向等方面具有较多相同的因素，并以日照间距为主要依据建立联系，建筑布局不强调等级，均匀地成片成块布置，形成片块式布局（图 6-61）。

（2）轴线式布局。空间轴线或可见或不可见，可见者由道路、绿化带、水体等构成，不可见者由可见的要素围合成虚的空间。但不论轴线的虚实，都应具有聚拢性和导向性。轴线式布局能够增强空间的秩序，起到统一整个空间关系的作用（图 6-62）。

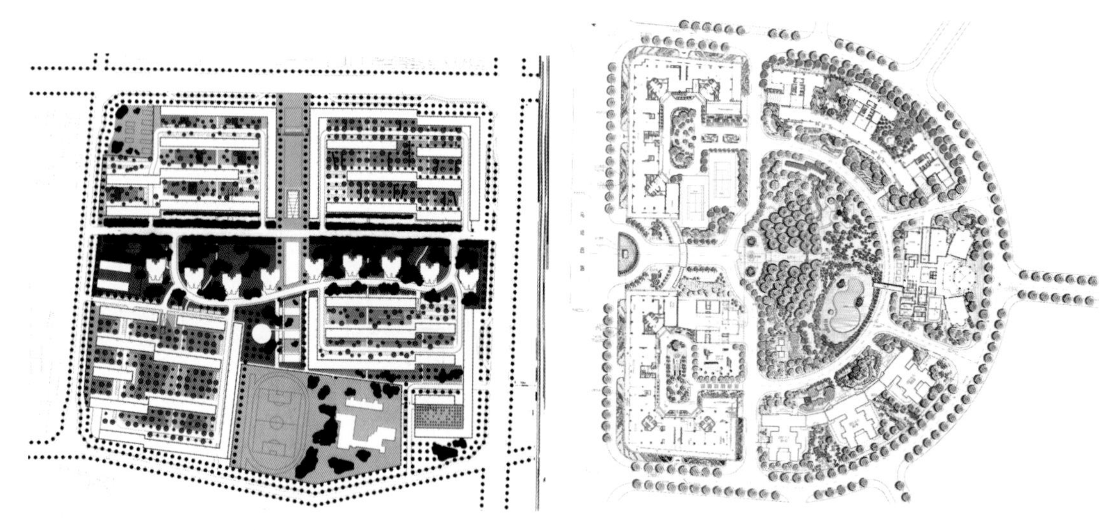

图 6-61 片块式小区平面图　　**图 6-62 轴线式小区平面图**

（3）向心式布局。将空间要素围绕占主导地位的要素组合排列，表现出强烈的向心性。这种布局形式能够形成强烈的秩序感和中心感（图 6-63）。

（4）围合式布局。住宅沿基地周边布置，共同围绕一个主导空间。主导空间无明显方向性，尺度较大，统率周边次要空间。围合式布局可以形成很好的院落感，但要注意住宅的朝向问题（图 6-64）。

（5）集约式布局。将住宅与公共配套资源集中紧凑布置，并开发地下空间，有良好的垂直交通联系，室内外空间相互渗透形成整体。集约式布局开发强度较大，可以在有限的用地内满足各种功能需求，形成丰富的视觉效果。

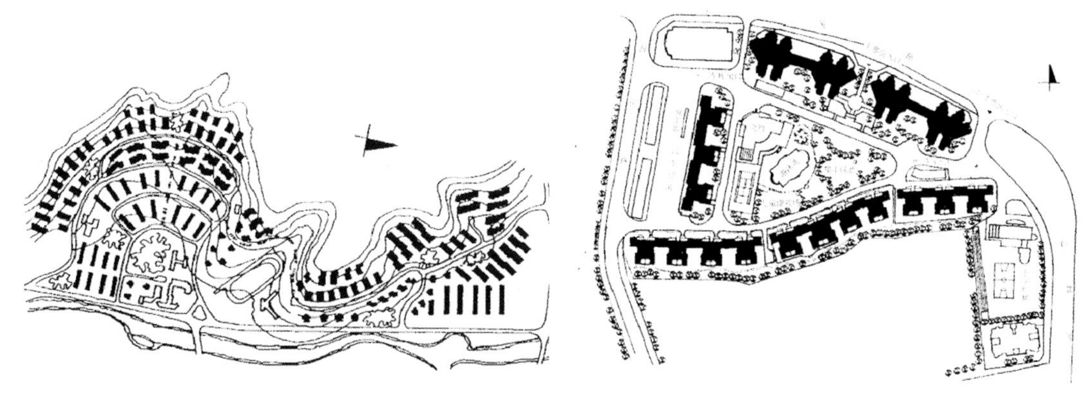

图 6-63　向心式小区平面图　　　　图 6-64　围合式小区平面图

2. 建筑组群布局形式

（1）住宅组群的平面组合形式。居住区住宅组群的平面组合形式会直接影响整个居住区的景观空间，建筑组合形式不同，会出现不同形式的绿地空间。住宅建筑的基本组合形式包括行列式、周边式、点群式和混合式（图 6-65）。

①行列式。行列式住宅布局、条式单元住宅或联排式住宅按一定朝向和合理间距成排布置的方式（图 6-66）。这种布置方式可使每户都能获得良好的日照和通风条件，便于布置道路、管网，方便工业化施工。但如果处理不好，形成的空间往往会给人单调、呆板的感觉。在住宅排列组合中，应尽量避免“兵营式”的布置，多考虑住宅群体空间的变化，如采用山墙错落、单元错落拼接以及用矮墙分隔等手法改善景观效果。

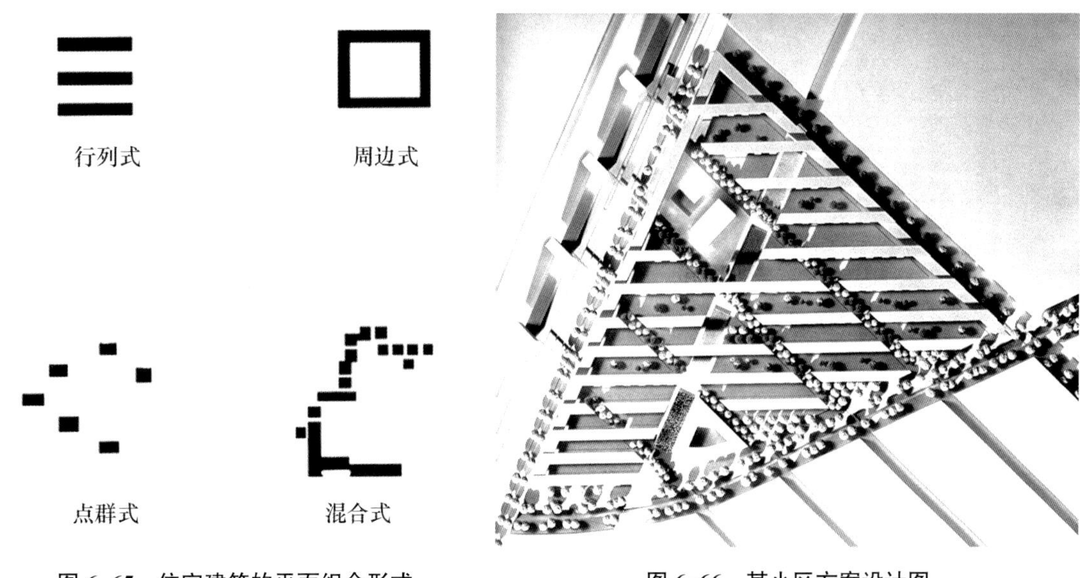

图 6-65　住宅建筑的平面组合形式　　　　图 6-66　某小区方案设计图

②周边式。周边式住宅布局指住宅建筑沿街坊或院落周边布置的形式。这种布置形式可形成封闭或半封闭的内院空间，院内较安静、安全，利于布置室外活动场地、小块公共绿地和小型公建等居民交往场所。这种形式组成的院落较完整，一般适用于寒冷多风沙地区，可阻挡风沙及减少院内积雪。周边布置的形式有利于节约用地，提高居住建筑面积密度。但这种布置方式部分住宅朝向较差，炎热地区不太适用。另外，在地形起伏较大的地区需要进行较大的土石方工程。

③点群式。点群式住宅布局包括低层独院式住宅，多层点式住宅及高层塔式住宅布局，点式住宅自成组团或围绕住宅组团中心建筑、公共绿地、水面有规律或自由地布置，运用得当可丰富建筑群体空间（图 6-67）。点式住宅布置灵活，便于利用地形，但在寒冷地区因外墙太多而对节能不利。

④混合式。混合式住宅布局指三种基本形式的结合或变形的组合形式，常见的组合形式有以行列式为主，结合周边式布置的形式；或者是行列式为主，结合点群式（图 6-68）。

（2）居住区公共建筑的布置形式：

①分散式。分散式指公共建筑分散地布置在整个居住区内的形式。分散布置的公共建筑功能相对独立，和居民生活息息相关，如教育建筑、医疗卫生等。每一种公共建筑都有其合理的服务半径，要满足服务半径的要求，就要进行分散式布局。

②集中式。集中式是指把公共建筑相对集中地布置在某一区域内。集中式布局易于形成整个空间的中心，有助于居民各种交流活动的开展，适用于面积不大的居住小区。

③集中式和分散式结合。如果居住区面积较大，单纯的集中或分散布局公共建筑都不能满足要求，就可采用集中式和分散式结合的方式。

3. 住宅的日照间距

前后两列房屋之间为保证后排房屋在规定的时、日获得必需日照量而保持的一定距离即日照间距。《民用建筑设计标准》（GB 50352—2019）中规定：呈行列式布置的条式住宅，首层每户至少有一个居室在冬至日能获得不少于 2 小时的满窗日照。

日照间距用来确定行列式、条式住宅布置时两建筑正面之间的合理距离。建筑布置间距应该满足日照间距，小于这个距离是不合理的，也是不符合规范的，因为这会导致建筑底层的住户得不到充足的阳光照射。这一间距可用计算法求得，如房屋长边向阳，朝阳向正南，可以正午太阳照到后排房屋底层窗台为依据进行计算（图 6-69）。

日照间距（D）= 间距系数 × 建筑高度（H）

其中，间距系数是根据日照标准确定的房屋间距与遮挡房屋檐高的比值。如北京地区常采用的间距系数是 1.6 ~ 1.7；长春是 1.7 ~ 1.8；而上海则常采用 0.9 ~ 1.1；这和城市所处的地理纬度和城市规模有关。建筑高度是指从建筑屋檐到底层窗台的高度。

当居室所需日照时数增加时，其间距就会相应加大，或者当建筑朝向不是正南时，其间距也有所变化。在坡地上布置房屋，在同样的日照要求下，由于地形坡度和坡向的不同，日照间距也会随之改变。根据建筑平行等高线布置，向阳坡地，坡度越陡，日照间距可以越小；反之越大。有时，

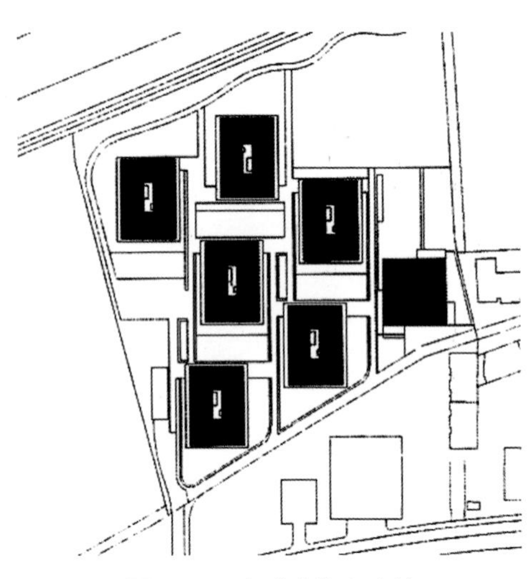

图 6-67 点群式住宅建筑

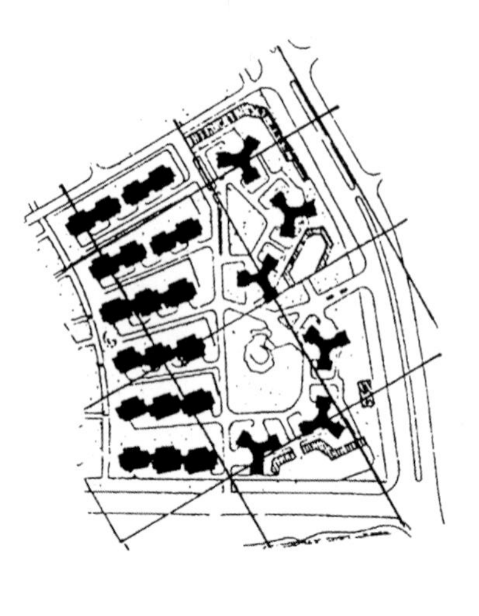

图 6-68 混合式布局的住宅组群

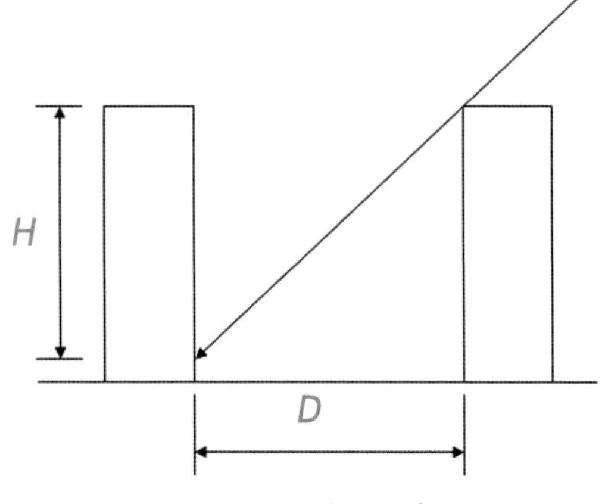

图 6-69 日照间距示意图

为了争取日照，减少建筑间距，可以将建筑斜交或垂直于等高线布置。

不同的地区有不同的地方性日照条件控制规范，在进行日照间距的计算时，应以地方规范为准。

三、居住区道路

居住区道路是居住区景观的重要组成要素。居住区道路不仅与居民生活息息相关，也对景观质量有很大的影响。

1. 居住区道路分级

（1）居住区级道路。居住区级道路是居住区的主要道路，用以解决居住区内外交通的问题，并划分居住小区（图 6-70）。道路红线宽度一般为 20 ~ 30 m。车行道宽度不应小于 9 m，如需通行公共交通工具时，应增至 10 ~ 14 m，人行道宽度为 2 ~ 4 m。

（2）居住小区级道路。居住小区级道路是居住区的次要道路，用以解决居住区内部的交通联系，并划分居住区组团。道路红线宽度一般为 10 ~ 14 m，车行道宽度应允许两辆机动车对开，宽度为 5 ~ 8 m，人行道宽 1.5 ~ 2 m。

（3）组团级道路。组团级道路是连接小区路和宅前路的道路，是居住区内的支路，用以解决住宅组群的内外交通联系，车行道宽度一般为 4 ~ 6 m。

（4）宅间路。宅间路是居住区道路系统的末梢，是住宅建筑之间通向各户或各单元门的小路，路面宽度不宜小于 2.5 ~ 3 m。

2. 居住区道路系统设计

居住区人流和车流的组织一般分为人车分流、人车合流、混合式，要综合考虑居住区的规模、地形、住宅建筑等因素，合理进行道路系统设计。

（1）人车分流的道路系统。人车分流的道路系统即居住区内的道路由车行道路系统和步行道路系统组成，车行和步行相对独立，互不干扰（图 6-71）。但这种方式使道路用地比例增大，应用较少。

（2）人车合流的道路系统。人车合流的道路系统即人行、车行共用一套道路系统。这种组织方式经济方便，道路占地面积少，但车行和人行之间的干扰性较大，对整体环境质量不利。现阶段我国大部分居住区都采用这种形式。

（3）人车局部分流的道路系统。在人车混行的道路系统中，在局部地段设置人车交通系统的分流，这是前面两种的混合形式，具有较强的灵活性和适应性。

3. 道路布局的基本形式

居住区的规模及场地条件的多样性，使得道路布局形式多种多样，可分为内环式、连通式和半环式、尽端式、混合式等（图 6-72）。

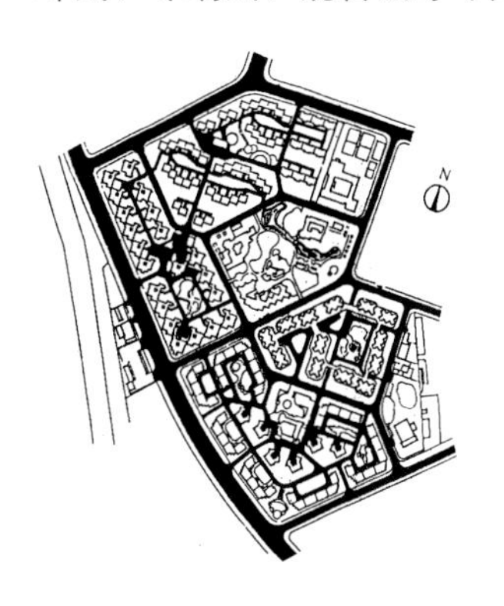

图 6-70　居住区道路的分级

图 6-71　北京市建国门外 SOHO 的立体交通

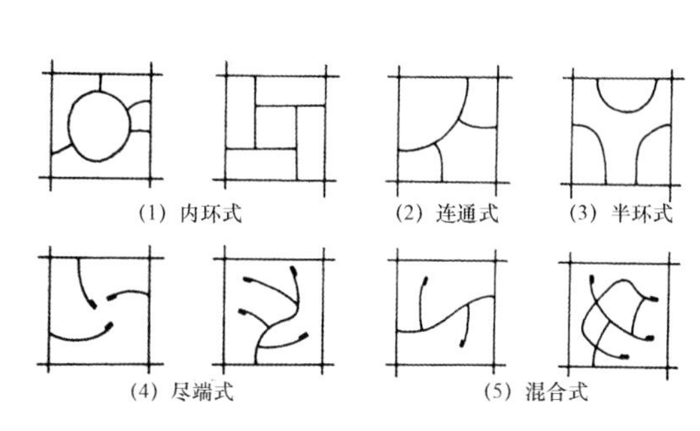

图 6-72　道路布局的基本形式

（1）内环式。道路布局在居住区内环通，并与外界有较好的交通连接。这种方式的优点是交通便利、利于分区，能较好地满足交通和消防等要求，适用于规模较大、地形条件较好的居住区；但这种形式占地面积较大，并受地形的限制。

（2）连通式和半环式。连通式道路直接连接居住区出入口，再通过其他道路把整个居住区联系起来。这种方式灵活多变，线路短，占地面积相对较少。但要注意连通道路的设置，避免车辆的直穿。

（3）尽端式。道路延伸到场地的特定区域内而终止，并不形成环通。适用于地形变化较大、交通量较小的居住区，布局灵活，占地面积最少，但相对交通不够便利，并要在路的尽端设置适当规模的回车场，以方便车辆掉头。尽端式应考虑场地尽端回车场地的尺寸要求。

（4）混合式。同时采用多种道路布置形式。混合式可以根据场地条件和交通量的分布灵活布置，有很强的适应性，是居住区道路布局中最常用的方式。但是混合式道路人车并用，不便于管理和维护，景观效果受影响。

四、居住区绿地

1. 居住区绿地的组成

居住区绿地，应包括公共绿地、宅旁绿地、配套公建绿地和道路绿地（图 6-73），其中包括满足当地植树绿化覆土要求、方便居民出入的地下或半地下建筑的屋顶绿地。

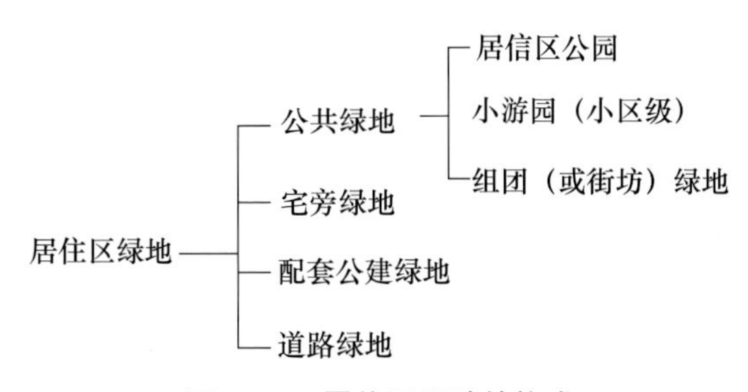

图 6-73 居住区绿地的构成

公共绿地是指居住小区内居民公共使用的绿化用地，如居住小区公园、林荫道、居住组团的小块绿地等；公共绿地可按照小型公园的功能组织设置，一般有安静休憩区、文化娱乐区、儿童活动区、服务管理设施等。配套公建绿地是指居住区内的学校、幼托机构、商店、诊所等用地的绿化；宅旁和庭院绿地是指住宅四边绿地；街道绿地是指居住区内各种道路的行道树等绿地。

2. 居住区公共绿地的分类

居住区公共绿地是城市绿地的延续，是最基础、最活跃的绿地空间。居住区公共绿地的设计和城市公园相似，但不完全一样，不能完全照搬城市公园的设计模式，要结合居住区自身的特点营造居住区的景观。根据规模和功能的不同，居住区公共绿地又可分为居住区公园、居住小区游园、居住组团绿地。

（1）居住区公园。居住区公园是给整个居住区居民使用的绿地空间，是按居住区规模建设的，具有一定活动内容和设施的配套公共绿地。在居住区绿地中，其规模最大、服务范围最广，一般和居住区公共建筑和服务设施组合布置，易于形成整个居住区的活动中心。主要设置应包括花木、草坪、水面、凉亭、雕塑、健身休憩设施、停车场和铺装地面等（图 6-74 和图 6-75）；园内布局应有较为明确的功能分区和清晰的浏览路线；最小用地不得少于 1 hm^2，服务半径为 800 ~ 1 000 m。

（2）居住小区游园。居住小区游园是为一个居住小区配套建设的，具有一定活动内容和设施的集中绿地，主要供小区内居民使用。主要设置应包括花木、草坪、健身休憩设施和铺装地面等，给居民提供休息、观赏、游玩、交往及文娱活动的场所；园内布局要有一定的功能划分；最小面积为 0.4 hm^2，服务半径为 400 ~ 500 m（图 6-76）。

（3）居住组团绿地。居住组团绿地是在住宅建筑组团内设置的绿地，是靠近住宅建筑，结合居住建筑组群布置的绿地，设施布置比较简单，具有一定的休憩功能（图 6-77）。面积较小，一般在 0.1 ~ 0.2 hm^2，服务半径在 100 m 左右。

图 6-74　住区景观

图 6-75　住区道路景观

图 6-76　某居住小区游园

图 6-77　居住组团绿地

五、居住区环境景观的设计原则

1. 人性化原则

居住区景观设计及建设强调人性化意识，考虑人们在使用过程中的心理与生理需要，研究人的行为心理与意志活动并在景观环境设计中予以适应和加以引导。良好的居住区景观为生活在其中的人们提供了休闲和享受的自然空间，并能满足人们对特定环境的精神需求和情感关注。

2. 经济性原则

居住区景观设计应顺应市场发展需求及地方经济状况，注重节能、节材，注重合理使用土地资源，提倡朴实简约，反对浮华铺张，并尽可能采用新技术、新材料、新设备，达到优良的性价比。应注重景观设计的经济性，使景观设计与使用标准紧密结合。

3. 生态性原则

居住区景观设计应尽量保持现存的良好生态环境，改善原有的不良生态环境。提倡将先进的生态技术运用到环境设计中去，以绿化显现良好的生态效益。居住区景观设计不是对建筑组群所包围绿地的装饰，而是要营造整体绿地景观系统，形成绿化包围建筑的绿色生态环境。

4. 地域性原则

由于景观环境的多样性和延续性，景观设计在塑造场所精神方面要考虑地域性原则，需要设计者发挥想象力和创造性以及分析能力，适应所在地域的自然环境特征，挖掘场所的深层文脉和地域特色，因地制宜，创造具有时代特点和地域文化的居住区环境。

5. 艺术性原则

居住区景观以满足功能为基本要求，随着人们对外环境质量要求的提高，环境设计越来越关注自身的艺术性。其艺术性主要体现在整体环境的对称和均衡、比例与尺度、节奏与韵律等方面，同时体现在景观中各种要素的形态、色彩、肌理等方面的处理上。居住区景观不仅仅是创造方便、舒适的室外环境，同时要加强环境的视觉质量，提高空间艺术性的传达。

六、居住区景观设计实例分析

1. 北京 UHN 国际村

UHN 国际村项目位于北京朝阳区西坝河地区。其住宅建筑沿三条由东向西的折线布置，曲折有序，彼此呼应，构成一个延展、开放、丰富的社区空间（图 6-78 至图 6-82）。其规划设计注重各种要素的整合设计，对地面环境、建筑、人的活动、天空以及阳光和阴影等各种景观要素进行合理组织，致力于创造和谐有序、格调优雅的全新城市园林化居住区景观。社区园林与建筑相互映射，绿化与立面连续，铺地与桥体呼应，巧妙地构成了三维的园林意境；动静相宜的水景、不规则起伏的微地形、层次丰富的植被均以人为参考尺度进行设计，营造了一个高价值和具有归属感的精神空间。环境设计中保留的古树林，体现了对自然的尊重；单元入口两侧，下沉园林以日式枯山水为主题，自然、平和而境界悠远。建筑之间具有很强的群体关联性，看似极简主义的设计风格，却蕴藏着丰富的内外空间变化，具有很强的可识别性。

图 6-78 小区鸟瞰效果图

图 6-79 小区绿地景观

图 6-80 喷泉景观

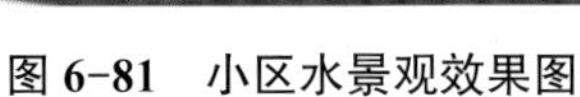

图 6-81 小区水景观效果图

图 6-82 保留的古树木

2. 北京果岭里 CLASS 社区

该社区坐落在望京城区的低密度居住区。与惯常的住区设计不同，果岭里 CLASS 社区引入微坡地形及台地建筑概念，在社区东、西、北三面各形成相对标高达 2.6 m 的山地地形（图 6-83、图 6-84），对社区内部形成围合之势。在软质景观设计上再现了高尔夫景观——果岭造型，配合台地广场、洼地喷泉等硬质景观，以地域高差增加景观的可视性。因建筑规模适度，拥有丰富的可供住户参与并分享的园林景观，社区整体风格统一，住宅个性的张扬与自然环境得以巧妙兼顾（图 6-85）。

居住区景观设计方案实例详解

居住组团之间的布局紧凑流畅，注重邻里交流及社区管理的便利性。设计师赋予公建区和住宅区以不同的设计尺度，各建筑实体的体量及疏密特色各异，具备明显的方向感和识别特征。

图 6-83 楼间绿地设计效果图

图 6-84 地形高差的处理

图 6-85 连续的庭院绿地景观

第四节 道路景观设计

一、道路景观

道路是城市环境的骨架，道路景观是城市中的线型空间。道路将城市划分成大大小小的若干地块，并且将广场、公园、街头绿地等空间节点串联起来。道路景观与道路的布局、级别以及周围环境有直接的关系，它反映了一个城市的生产力水平以及市民的审美取向等。

1. 城市道路景观的构成及作用

（1）道路景观的构成。城市道路景观是在城市道路中由地形、植物、建筑物、构筑物、绿化、小品等组成的具有使用、生态和景观功能的空间。道路景观是由道路、道路边界、道路中的区域景观、道路节点构成的（图 6-86）。道路是形成道路景观的基础性要素；道路边界是指界定和区别道路空间的视觉形态要素，可以是建筑、水体、植物等；道路中的区域景观是指道路景观的放大处，它具有空间场所的特点；道路节点主要指道路的交叉口、交通路线上的变化点等，它增加了道路的节奏性。

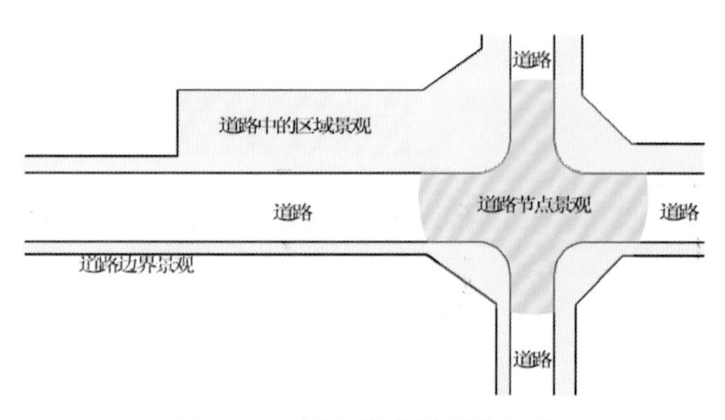

图 6-86 城市道路景观的组成

（2）道路景观的作用：

①美化城市环境，是城市景观的重要组成部分，它直接体现了城市的景观质量。

②联系和协调城市景观（图 6-87）。

③为市民提供了更多的活动场所（图 6-88）。

④增强城市的生态连续性。

图 6-87 海口市道路绿化景观

图 6-88 车道周边的人行区域

2. 道路景观设计要点

道路景观设计大致有以下六个要点：

（1）把道路景观设计放在城市景观规划的大环境中，是景观设计中的重要内容。

（2）合理安排人流和车流，大力开发立体交通。分析道路的主要适用形式，合理组织人行及车行流线，有针对性地开展设计，以保证车行路的顺畅和人行路的连续。

（3）考虑道路的绿化。绿化有助于形成优美的城市环境，提供舒适的空间环境，并改善城市道路上的小气候，如夏天可以给车行和人行提供阴凉的环境。但同时要避免道路绿化遮挡行人和车辆驾驶员的视线，影响交通安全。

（4）合理利用植被划分空间，可以形成相对安静的小环境，并能起到隔离噪声和废气的作用。

（5）道路景观可以根据地域特点，使用有特色的景观造型，形成地域性的道路景观，增加可识别性。

（6）要抓住“观察速度”这一关键问题。对于不同的观察速度，要有不同的设计方法，不同的观察速度意味着不同的景观尺度、不同的景观材料（图 6-89、图 6-90）。车行路和人行路两侧的景观是有一定差别的，道路景观要处理好车行尺度和人行尺度的关系。

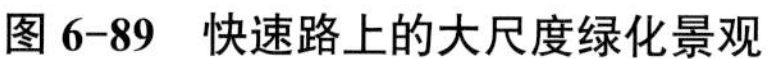

图 6-89　快速路上的大尺度绿化景观

图 6-90　人行路上的小尺度景观

二、街道景观

城市道路主要解决交通运输的功能。相对于城市道路空间，街道空间强调步行优先的原则。街道对城市生活至关重要，它可以提供更多的公共活动的场所，增加城市的活力。

1. 优质街道所要具备的条件

（1）安全性。要达到安全，空间中各要素的尺度要协调，并符合人体尺度的要求；街道空间必须有良好的视线穿透性，保证任何空间都在人的观察范围内。

（2）开放性。街道空间是给市民提供各种公共活动场所的空间，友好的街道氛围要求其空间必须具有绝对的开敞性。街道与城市道路有良好的连接效果，和街道两侧的建筑空间相互渗透。

（3）街道是否拥有大量人流，是否具有人气是街道空间质量的一个衡量标准（图 6-91）。拥有大量人流意味着街道能够满足人的多种需求，提供可以让人停留的空间，与两侧商业建筑很好地融合，创造了亲切、舒适的购物、娱乐环境。只有具有不间断的人流，街道才具有活力，才能更好地发挥其作为城市开放空间的作用。

2. 街道景观的设计要点

（1）街道空间必须具有良好的流线。

（2）街道景观要有节奏和变化，不能过于单一。

（3）要增加街道的魅力和吸引力，景观空间就必须与两侧的建筑结合起来，做到室内、室外的有机联系（图 6-92）。

（4）街道景观要注意两侧人流到建筑空间的可达性和便捷性。

（5）街道空间要注重人行速度的观察尺度，营造亲切的小空间（图 6-93）。

（6）街道景观体现地域文化特色，注重街道空间的可识别性，防止千篇一律。

（7）街道景观要注意空间尺度问题，注意景观和两侧建筑的关系，营造友好的交流空间。

图 6-91 某城市街道

图 6-92 街道和建筑有着良好的空间联系

图 6-93 细腻的街道小空间

三、街道景观设计实例分析

道路景观设计方案实例详解

以西安礼泉县商业街为例。此商业步行街位于西安市礼泉县新区，总长约 220 m，宽约 26 m。街道两侧为商业店铺，西侧为两层底商的住宅楼，东侧为三层的商业建筑。设计以“天降甘露，地出礼泉”为主题，抓住“泉脉”和“文脉”这两条主线；利用浅水体贯穿整条商业街，并通过水体形态的差异性强化空间的变化，使商业街具有统一而丰富的空间层次。传统的文化元素和精致的现代空间形式有机结合，在体现商业街文化特色的同时，塑造了具有强烈都市感的商业空间（图 6-94 至图 6-96）。整条商业街中央为景观步行道，两侧留出一定的硬地路面，以满足大量人流的通行。中间的景观带由自北向南跌落的水体贯穿，联系各个景观节点，分别有入口“平安门”景观、“二分圆”跌水景观、带形水景、踏水广场以及“回”形广场。通过其中的水景、林荫道、设置有舒适座椅的休憩空间、亲水平台、景观构筑物以及造型别致的仿古售货亭等突显对步行者的关照，营造舒适有趣的步行环境（图 6-97）。

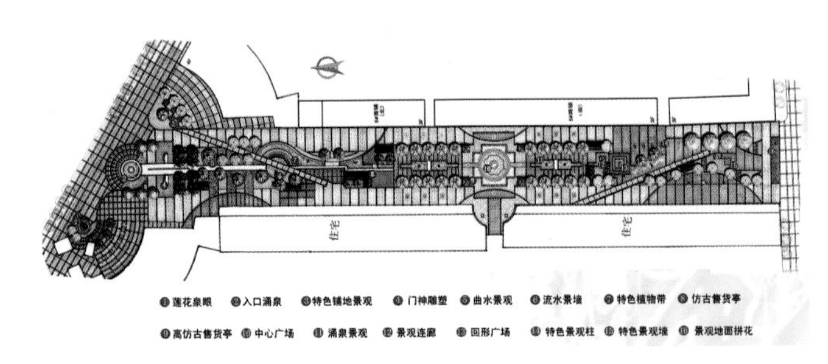

图 6-94 西安礼泉县商业街设计平面图

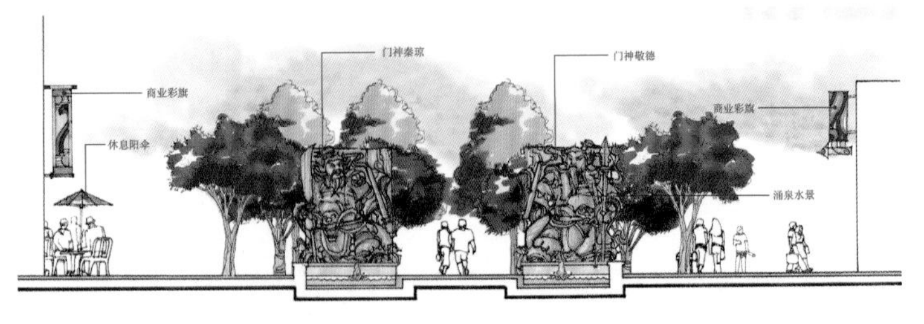

图 6-95 商业街剖面图一

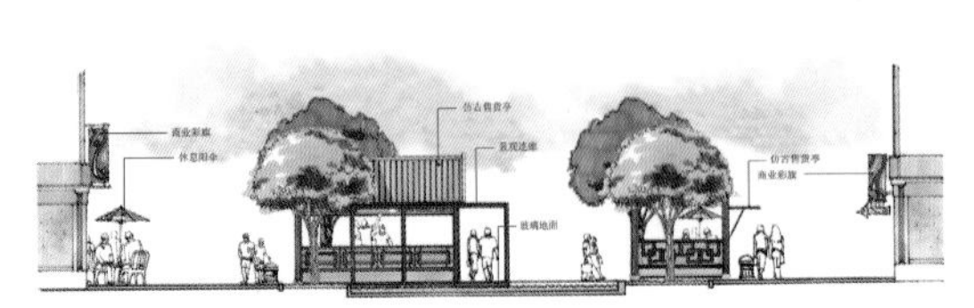
图 6-96 商业街剖面图二

图 6-97 商业街效果图

第五节　滨水景观设计

一、滨水区的概念

滨水区是指城市与江、河、湖、海接壤的区域，是水陆结合处，既是陆地的边沿，也是水域的边缘，包括滨海、滨湖、滨河等。现代城市滨水带景观设计在整个景观学的各类设计中无疑是最综合、最复杂，也是最具有特色的一类，因为其涉及的内容广泛，包括陆地和水体，还有水陆交接地带和滨河（湖）等湿地类区域。

二、滨水景观设计原则

1. 生态性原则

滨水景观是自然系统和人工建设系统交融的城市开放空间，生态性原则是设计的首要原则。景观设计应注重“创造性保护”工作，既要最佳地组织调配地域内的有限资源，又要保护该地域内的美景和生态。应以绿化为主体，大量使用当地植物，运用天然材料建设生态岛、亲水湖岸，保护生物的多样性，重视生态环境的重建，形成城市滨水生态廊道。

2. 整体性原则

滨水景观带应该是连续不间断的，并与城市空间有着密切的联系，如在交通和绿化系统上，滨水景观带可以和城市绿地空间、公园、广场等结合，使绿化带向城市扩散、渗透，与城市绿地元素构成完整的系统，营造宜人的城市生态环境。应处理好滨水景观和城市道路的关系，当城市道路穿过滨水景观区时，要解决好车行和人行的道路组织关系，让人可以便捷地进入滨水地带，提高其可达性（图 6-98）。对于滨水景观带的处理应该是连续、有节奏的，在适当的地点进行重点处理，放大成滨水公园，在重点地段设置城市地标或景观设施（图 6-99）。

图 6-98　墨尔本城市滨水景观

图 6-99　城市滨水公园

3. 文脉延续性原则

滨水景观的设计和其他景观类型一样应注重对历史人文景观的挖掘。很多城市的发展都是从滨水地带开始的，这就赋予了滨水区丰富的自然形态和文化含义。设计时，应利用和改造滨水区的各种自然景观资源，挖掘和继承优秀的人文景观资源（图 6-100 和图 6-101）。

图 6-100 青岛五四广场上的雕塑

图 6-101 岐江公园

4. 以人为本原则

设计时应满足人在滨水区的各种心理需求，如亲水性设计。亲水性主要体现在临水空间的营造以及驳岸的处理上，可在适当的滨水区域布置临水广场，设置各种栈桥，或把驳岸处理成阶梯式，让人们能够近距离接触到水，增进人们的空间体验（图 6-102 至图 6-105）。滨水区的景观要结合整个空间的需要设置必要的休闲娱乐设施以及休息座椅，同时符合滨水景观的特点，体现其特色（图 6-106）。

图 6-102 临水的休憩场地

图 6-103 深入水中的栈桥

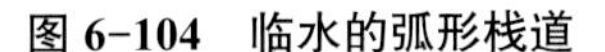

图 6-104 临水的弧形栈道

图 6-105 临水区呈阶梯状

图 6-106 滨水景观设施

三、滨水景观设计要点

滨水景观设计的要点如下：

（1）注重滨水区的共享性和开放性。滨水区是城市中最富魅力的地方，应为全体市民无偿拥有；应创造连续的近水公共空间以保证滨水地带的连续性和共享性（图 6-107）。

（2）将滨水景观设计纳入整个城市景观规划的整体框架，增强滨水带和其他地带的相互联系，包括在视觉和交通上，以滨水景观带的开发带动整个城市的发展和整体居住环境品质的提高。

（3）注重开发水上活动项目，以增强滨水区的特点和吸引力（图 6-108）。将陆上和水上项目结合在一起。在创造亲水环境的同时，应设置安全和防洪设施。

图 6-107 连续的滨水景观绿地

图 6-108 朝阳公园中的水上游乐设施

（4）强调滨水景观的整体性，防止建筑设计的个性化元素过于突出、相互之间缺乏协调或缺乏统一规划，以致破坏滨水景观的轮廓线。

（5）注重对滨水区的历史建筑和名胜古迹的保护和再利用，提高滨水区的文化氛围。

（6）保持原有物种的丰富性，避免水体的富营养化，保持原有的湿地生态系统。

四、滨水驳岸的形式

园林的滨水驳岸是在园林水体边缘与陆地交界处，为稳定岸壁，保护湖岸不被冲刷或不被水淹设置的构筑物。园林驳岸也是园景的组成部分，其设计的好坏，决定了水体能否成为吸引游人的空间；而且作为城市中的生态敏感带，驳岸的处理对于滨水区的生态也有非常重要的影响。目前，在我国城市水体景观的改造中，驳岸主要采取以下几个模式。

1. 立式驳岸

立式驳岸的护堤是直立的（图 6-109）。这种驳岸一般用在水面和陆地的平面差距很大或水面涨落高差较大的水域，也包括因建筑面积受限，没有充分的空间而不得不建的驳岸。

2. 斜式驳岸

斜式驳岸的护堤倾斜，有一定坡度（图 6-110）。相对于直立式驳岸来说，更容易让人观察到驳岸的形式，所有大型的斜式驳岸都要设计一定的造型变化，防止过于单调乏味。斜式驳岸比直立式占用更多面积，使用这种驳岸必须有足够的空间。

图 6-109 立式驳岸

图 6-110 斜式驳岸

3. 阶式驳岸

阶式驳岸指驳岸呈阶梯状分层设置，与前两种驳岸相比，这种驳岸更容易让人接触到水，可坐在台阶上眺望水面，也可以近距离嬉水（图 6-111）。阶式驳岸体量较大，要进行一定的针对性设计，合理的造型处理能形成丰富的驳岸形态，成为滨水区景观的亮点；但处理不当也会给人过于人工化的生硬感觉，要注意和绿化形式的结合（图 6-112）。

图 6-111 小尺度的阶式驳岸

图 6-112 阶式驳岸和绿化的结合

4. 生态驳岸

生态驳岸是指恢复后的自然河岸或者是具有自然河岸生态特点的人工驳岸，它可以充分保证河岸与河流水体的水分交换和调节，增强水体的自净作用，同时具有一定的抗洪强度（图 6-113 和

图 6-114）。生态驳岸又包括自然原型驳岸、自然型驳岸、台阶式人工自然驳岸。

图 6-113　生态驳岸

图 6-114　人工生态驳岸

五、滨水景观设计实例分析

以苏州金鸡湖景观设计为例，金鸡湖位于苏州工业园区中部，距苏州古城约 4 km，水域面积 7.38 km^2，是构成苏州工业园区新城市景观的重要组成部分，也是苏州市总体规划中最大的市内景观区。其规划目标是使金鸡湖成为以游憩为主的大型城市湖泊公园，并作为苏州市未来现代化城市景观的重要体现。

金鸡湖景观总体规划遵循了开放空间设计的主要原则。如为了吸引大量的市民和游客，创造了一个具有多种功能、多种用途、多种结构的开放空间系统；将滨水空间与周围已建成的建筑环境融合起来，精心处理开放空间和建筑地区交界的边缘线，使之富于变化，以创造一个充满趣味的空间和生动的湖滨环境；将商业零售业和公共建筑融入一些重要的开放空间区域，在公共空间设置一些文化、体育、娱乐性的场所，给开放空间带来生气；整个环湖区在创造视觉与形态的内在凝聚效果的同时，注意营造各景区独特的风格特色。

在金鸡湖景观的总体设计中，环绕着金鸡湖，共设置了八个特色景区，其各自均有独特的功能，并通过绿地系统和步行系统连接为一体，环湖的建筑结合湖面制造特色，并且尽可能与湖畔的公共空间连接在一起（图 6-115 至图 6-120）。

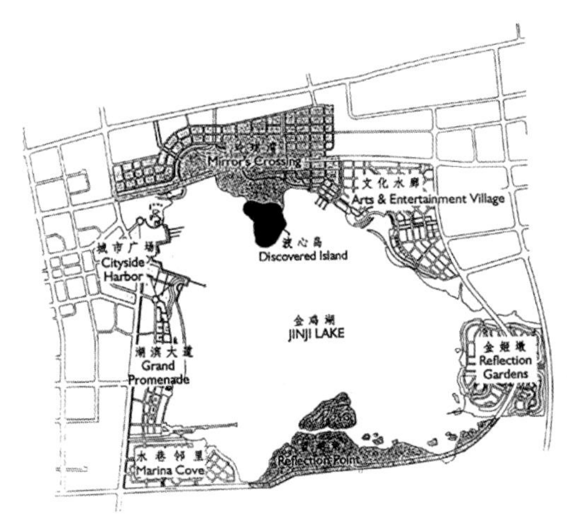

图 6-115　苏州金鸡湖景观设计总平面图

图 6-116　滨水景观大道

图 6-117 连续的滨水绿地系统

图 6-118 亲水平台

图 6-119 滨水广场

图 6-120 滨水景观平台

第六节 庭院景观设计

庭院景观是指被建筑或院墙等构筑物围合而成的院落景观。一般庭院景观的尺度较小，空间相对封闭，功能较为简单，只提供给少数人使用。如公共建筑围合的内院、住宅院落等都属于庭院景观的范畴。

一、庭院景观的设计要点

1. 庭院景观设计要考虑建筑空间的特点

建筑的造型及色彩等要素对庭院景观产生直接影响，如建筑是古典还是现代风格，立面是以实墙为主还是玻璃幕墙为主，这些都会影响到景观的布局和造型特点（图 6-121）。建筑空间的空间布局和流线安排，也会决定庭院景观的空间形态。

图 6-121 某小区庭院景观

另外，庭院景观除了要和建筑空间协调，营造好的景致，还要考虑处于建筑内部空间时的观赏效果，使景观和室内空间的风格统一起来。

2. 庭院景观要有适宜的尺度

庭院设计中需要考虑各种要素的比例关系，大到景观空间与建筑空间的比例，小到一石一木的比例关系，都要进行仔细地推敲（图 6-122 和图 6-123）。

图 6-122　庭院空间尺度的协调

图 6-123　庭院空间尺度

3. 注意质地的变化

质地是指庭院中物体表面肌理的粗细程度，以及由此引起的感觉。如细软的草坪、深绿色的青苔、均匀细腻的沙河等会给人以丰富、亲切的心理感受（图 6-124 至图 6-126）。庭院中人可以近距离观察或触碰到的景观内容，在设计时要特别注意肌理变化，用不同肌理质感的材质进行组合，可营造和谐又富有层次的空间效果。

4. 考虑庭院景观的和谐与对比

庭院内的景物在体量、色彩、造型等方面应追求和谐。造成空间不和谐的因素很多，如景观构筑物的尺度过大；风格、造型差异太大；色彩对比过于强烈等。在营造和谐氛围的同时，可以使用一定的对比手法。如为了突出园内的某局部景观，利用体形、色彩、质地等方面的变化，使其与其他景物形成一定的对比，以营造某种鲜明的视觉效果（图 6-127 和图 6-128）。

【作品欣赏】不同类型的景观设计

图 6-124　日本某庭院内景

图 6-125　庭院景观细部

图 6-126　细腻的庭院小景观

图 6-127 水景材料质感的变化

图 6-128 构筑物色彩的对比

二、庭院景观设计实例分析

庭院景观设计方案详解

日本众议院议长官邸的庭院位于日本江户时期平松藩邸的旧址，庭院设计追求和建筑风格的协调一致，注重景观与内部空间的整体性和连续性，是传统日本庭院样式和近代景观设计结合的“新和式庭园”（图 6-129）。庭院是开放式的，空间没有过多的遮挡，视线通透。庭院内最有特点的景致是象征大海的白砂和沙洲，描绘出柔美的曲线轮廓，给整个庭院注入活力（图 6-130 和图 6-131）。庭园中采用孤植的方式栽种了一棵鸡爪槭，使其成为整个空间的视觉焦点（图 6-132）。在庭院的另一面设置有大面积的草坪，有弯曲的园路贯穿。“石透廊”景观把沙洲和草坪联系起来。“石透廊”是由白色石条铺成的，一端砌入沙洲，一端砌入草坪，起到了连接和形态过渡的作用，同时增强了空间的秩序感。

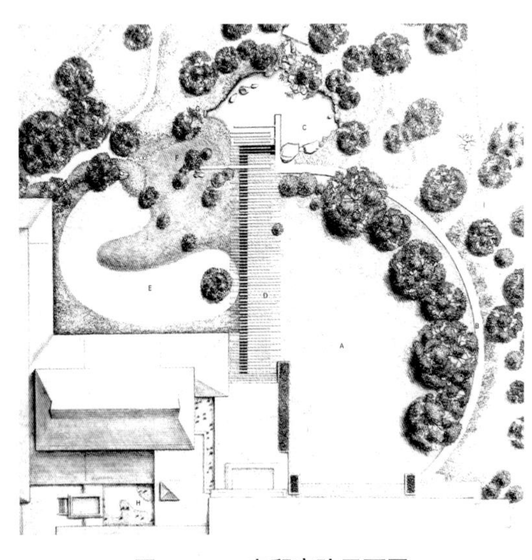

图 6-129 官邸庭院平面图

图 6-130 内院景观

图 6-131　内院夜景

图 6-132　孤植的鸡爪槭成为空间的焦点

本章小结

本章全面总结了景观设计的理论知识，并将理论知识与实际案例结合，有针对性地对重点内容和难点内容进行讲解，便于学生对景观设计内容的消化和掌握。

思考与实训

结合所在城市景观实例，阐述景观设计的分类、设计方法和原则。

参考文献

[1] 王晓俊. 风景园林设计 [M]. 南京：江苏科学技术出版社，2000.

[2] 冯炜，李开然. 现代景观设计教程 [M]. 杭州：中国美术学院出版社，2002.

[3] 姚宏韬. 场地设计 [M]. 沈阳：辽宁科学技术出版社，2000.

[4] [美] 约翰・O. 西蒙兹，[美] 巴里・W. 斯塔克. 景观设计学：场地规划与设计手册 [M]. 俞孔坚，王志芳，孙鹏，等，译. 北京：中国建筑工业出版社，2009.

[5] 臧德奎. 园林植物造景 [M]. 北京：中国林业出版社，2008.

[6] 张庭伟，冯晖，彭治权. 城市滨水区设计与开发 [M]. 上海：同济大学出版社，2002.

[7] [美] 史坦利・亚伯克隆比. 建筑的艺术观 [M]. 吴玉成，译. 天津：天津大学出版社，2001.

[8] 王珂，夏健，杨新海. 城市广场设计 [M]. 南京：东南大学出版社，1999.

[9] 蒋中秋，姚时章. 城市绿化设计 [M]. 重庆：重庆大学出版社，2000.

[10] [美] 布莱恩・劳森. 空间的语言 [M]. 杨青娟，韩效，等，译. 北京：中国建筑工业出版社，2003.

[11] 王江萍，姚时章. 城市居住外环境设计 [M]. 重庆：重庆大学出版社，2000.

[12] 杨小军，蔡晓霞. 空间・设施・要素：环境设施设计与运用 [M]. 北京：中国建筑工业出版社，2005.

[13] 尹安石. 现代城市景观设计 [M]. 北京：中国林业出版社，2006.

[14] 刘滨谊. 城市道路景观规划设计 [M]. 南京：东南大学出版社，2002.

[15] 章俊华. 日本景观设计师佐佐木叶二 [M]. 北京：中国建筑工业出版社，2002.

[16] 钟伟. 景观工程实录 [M]. 大连：大连理工大学出版社，2004.

[17] 林玉莲，胡正凡. 环境心理学 [M]. 北京：中国建筑工业出版社，2006.

[18] 魏向东，宋言奇. 城市景观 [M]. 北京：中国林业出版社，2005.

[19] [日] 芦原义信. 外部空间设计 [M]. 尹培桐，译. 北京：中国建筑工业出版社，1985.

[20] [意] 布鲁诺・赛维. 建筑空间论——如何品评建筑 [M]. 张似赞，译. 北京：中国建筑工业出版社，2006.

[21] 白德懋. 居住区规划与环境设计 [M]. 北京：中国建筑工业出版社，1993.

[22] 王建国. 现代城市设计理论和方法 [M]. 南京：东南大学出版社，2001.

[23] [丹麦] 杨・盖尔. 交往与空间 [M]. 何人可，译. 北京：中国建筑工业出版社，2002.

[24] [美] 阿摩斯・拉普卜特. 建成环境的意义——非言语表达方法 [M]. 黄兰谷，等，译. 北京：中国建筑工业出版社，2003.

[25] [意] 克劳迪奥・杰默克，[意] 莫里齐奥・G. 梅兹，[意] 阿戈斯蒂奥・德・菲拉里. 场所与设计 [M]. 谭建华，贺冰，译. 大连：大连理工大学出版社，2001.

[26] 杜雪. 图说建筑设计 [M]. 上海：上海人民美术出版社，2012.

[27] 刘敦桢. 苏州古典园林 [M]. 北京：中国建筑工业出版社，2005.